"双元主导、四体融通"

人才培养模式改革与创新成果

家用电器原理与维修

主编◎张 健 程国建 刘汉厚 张 川

西南大学出版社
SWUP 国家一级出版社 全国百佳图书出版单位

图书在版编目(CIP)数据

家用电器原理与维修 / 张健等主编. -- 重庆 : 西南师范大学出版社, 2015.3 (2023.1重印)
ISBN 978-7-5621-7369-4

Ⅰ.①家… Ⅱ.①张… Ⅲ.①日用电气器具—理论—中等专业学校—教材②日用电气器具—维修—中等专业学校—教材 Ⅳ.①TM925

中国版本图书馆CIP数据核字(2015)第060206号

家用电器原理与维修

张健　程国建　刘汉厚　张川　主编

责任编辑: 杨景罡
责任校对: 周明琼
封面设计: 李　懋
出版发行: 西南大学出版社(原西南师范大学出版社)
地址:重庆市北碚区天生路2号
市场营销部:023-68868624
印 刷 者: 重庆新生代彩印技术有限公司
幅面尺寸: 185mm×260mm
印　　张: 9.5
字　　数: 244千字
版　　次: 2015年3月　第1版
印　　次: 2023年1月　第4次印刷
书　　号: ISBN 978-7-5621-7369-4

定　　价: 28.00元

行业顾问

杨　安　格力电器（重庆）公司技术主管

李永祥　长沙柯瑞特电子有限公司副总经理

纪秀青　博西华家用电器服务江苏有限公司人事部部长

王　飞　博西华家用电器服务江苏有限公司培训主管

钱　新　杭州（重庆）衡商电子科技有限公司常务副总经理

沈国俊　富士施乐高科技（深圳）有限公司人力资源课长

韦　炜　杭州（重庆）衡商电子科技有限公司管理部科长

杨娅琴　重庆南川区大忠电子有限公司人力资源部部长

徐代忠　重庆鸿庆达产业有限公司电厂（原爱溪电厂）技术主管

谢金姗　重庆海尔工业园人事主管

郭志宏　LG伊诺特（惠州）有限公司人事主管

程　易　中国铝业重庆分公司技术主管

前　言

目前，职业教育被社会各界高度关注，职业教育的发展已步入了快车道。本书根据中职学生动手能力强的特点，引进德国和澳大利亚先进的职业教育理念，坚持以就业为导向，以职业岗位能力为本位，采用“项目引领，任务驱动”的方式，实现了理论、实践一体化的呈现模式。

本书作为“电子电工专业”家用电器方向的一门专业实训课程，以完成工作任务为主线，学习电饭煲、电磁炉、微波炉、吸油烟机、燃气灶、热水器、洗衣机、电冰箱、空调器等的组成、构造、型号、工作原理、维护及维修。本教材具有以下五大特点。

1.这是一本校企合作编写的家用电器的专业实训课教材。

2.将企业的管理、文化、工艺标准带入职业教育专业实训课教学中，是校企合作模式下教材编写的一个大胆探索。

3.根据中职学生的特点，减少了理论知识的讲述，增加了图片的直观呈现。

4.引入了德国和澳大利亚先进的职业教育理念，采用“项目引领，任务驱动”的方式，实现了理论、实践一体化的呈现模式。

5.本教材充分体现了以就业为导向，以职业岗位能力为本位的职业教育新理念，以常见家用电器为学习任务，教师好教，学生好学。

本书可安排在一年级教学，建议安排160学时。学时安排参见下表。

项目	内容	学时
项目一　电饭煲、电磁炉、微波炉(24学时)	任务一　电饭煲的组成、结构和型号	4
	任务二　电饭煲的工作原理、维护及维修	4
	任务三　电磁炉的组成、结构和型号	4
	任务四　电磁炉的工作原理、维护及维修	4
	任务五　微波炉的组成、结构和型号	4
	任务六　微波炉的工作原理、维护及维修	4

续表

项目	内容	学时
项目二 吸油烟机、燃气灶、热水器(24 学时)	任务一 吸油烟机的组成、结构和型号	4
	任务二 吸油烟机的工作原理、维护及维修	4
	任务三 燃气灶的组成、结构和型号	4
	任务四 燃气灶的工作原理、维护及维修	4
	任务五 热水器的组成、结构和型号	4
	任务六 热水器的工作原理、维护及维修	4
项目三 洗衣机(16 学时)	任务一 波轮式洗衣机的组成、结构和型号	4
	任务二 波轮式洗衣机的工作原理、维护及维修	4
	任务三 滚筒式洗衣机的组成、结构和型号	4
	任务四 滚筒式洗衣机的工作原理、维护及维修	4
项目四 电冰箱、空调器(80 学时)	任务一 制冷基础知识	40
	任务二 电冰箱的组成、结构和型号	8
	任务三 电冰箱的维护及维修	8
	任务四 空调器的组成、结构和型号	8
	任务五 空调器的工作原理、维护及维修	16
机动时间(16 学时)		16
合计(160 学时)		160

本书由张健、程国建、刘汉厚、张川担任主编，谢本应、李永坤、杨敏、张恒担任副主编，宋成、韦娜、李情、李命勤、向娟、何春林、纪秀青、曹鹏翼、王飞参与编写。

项目一由杨敏、韦娜、李命勤、何春林编写，项目二由谢本应、宋成、李命勤、向娟编写，项目三由刘汉厚、李情、韦娜、曹鹏翼编写，项目四由张川、李永坤、张恒、纪秀青、王飞编写。全书由刘汉厚统稿，张晓琴审稿。

本书在编写过程中得到重庆市渝北区教育委员会教研室聂广林研究员、重庆市渝北职业教育中心邱绍峰博士、重庆工商学校辜小兵老师、重庆市垫江县第一职业中学校杨清德老师、重庆市北碚职业教育中心林安全老师、重庆市九龙坡区教育委员会教研室陈东老师、博西华家用电器服务江苏有限公司人事部部长纪秀青等职教专家的指导和帮助；重庆市南川隆化职业中学张健、程国建等校领导多次参与本书样稿的评审工作，并提出了许多宝贵的修改意见；书中一些图片来源于重庆市南川区协和电器有限责任公司和百度图片（http://image.baidu.com），在此一并表示诚挚的谢意。

由于时间有限，书中难免有疏漏之处，恳请广大读者批评指正。

目 录

项目一

电饭煲、电磁炉、微波炉

知识目标

(1) 了解电饭煲、电磁炉、微波炉的工作原理、特点及结构。

(2) 了解电饭煲、电磁炉、微波炉的规格参数。

技能目标

(1) 掌握电饭煲、电磁炉、微波炉的选购及维护。

(2) 掌握电饭煲、电磁炉、微波炉的正确使用方法。

任务一　电饭煲的组成、结构和型号

任务描述

电饭煲是一种新型的电热炊具，它能煮饭、蒸馒头、熬粥及热饭等。电饭煲具有省时省力、清洁卫生、无污染等特点，因此，自问世以来越来越受到人们的欢迎，使用者正在迅速增加。

本任务主要是对电饭煲的组成、内部结构和型号进行了解。教学现场应提供电饭煲实物以及拆卸工具一套。

任务实施

一、电饭煲的组成和结构

1.电饭煲的外部部件

观察普通自动恒（保）温式电饭煲的实物，如图 1–1–1 所示。

图 1–1–1　普通自动恒（保）温式电饭煲的实物

做一做

在任课老师的指导和帮助下，尝试拆卸一台电饭煲，看看其内部各部件的位置和形状。

2.电饭煲的构成

普通自动恒（保）温式电饭煲的主要组成部件有外壳、内锅、加热器、双金属恒温器、磁钢限温器、开关及电源插座等。如图 1–1–2 所示。

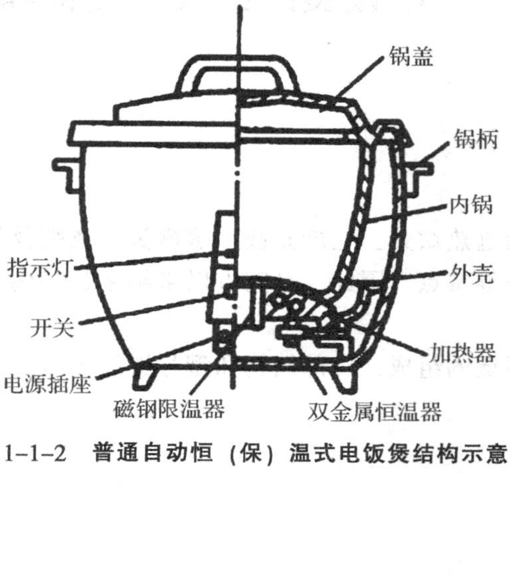

图 1–1–2　普通自动恒（保）温式电饭煲结构示意图

3.电饭煲的主要部件

(1) 外壳与内锅。

①外壳。

电饭煲的外壳一般用冷轧钢板模压成型，再经过喷漆、电镀等工艺达到美观耐用等要求。

②内锅。

内锅一般用薄铝板模压成型，底部呈球面状，与加热器外形必须吻合，接触紧密，以保证较好的热传导性能，从而提高热效率。

(2) 加热器。

加热器如图 1–1–3 所示，它是将管状电热元件浇铸在铝合金中而制成的电热盘。其外形呈球面状，表面光滑，并与内锅底面吻合。浇铸后，为保证绝缘性能，管状电热元件的端部需用密封材料密封。

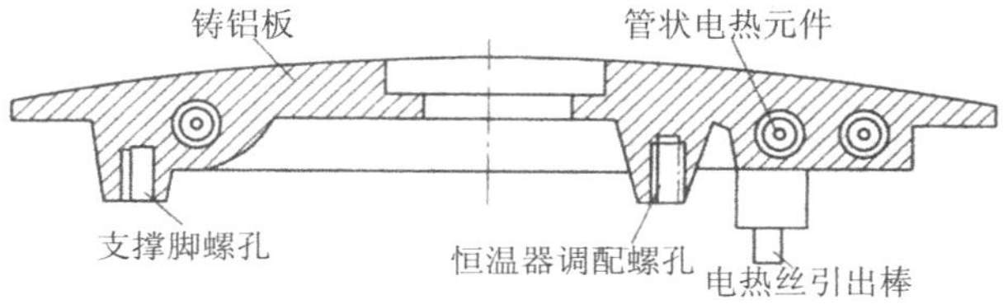

图 1–1–3　加热器结构示意图

(3) 磁钢限温器。

磁钢限温器的主要作用是在饭煮熟时，使电路自动断电，以免饭被煮焦。其结构原理如图 1–1–4 所示。图中感温磁钢采用镍锌铁氧体制成，它在常温下具有磁性，与永久磁体吸合，使触点相接触，电流通过加热器。而当锅内水分被煮干时，其温度会超过 100℃。当锅内温度高于感温磁钢居里点 (103±2) ℃时，紧贴内锅底面的感温磁钢将失去磁性，触点因永久磁体的重力及弹簧的作用力而断开，起到自动断电的作用。该磁钢限温器发生动作后不能自动复位，因此若要保温就应并联一个金属恒温器。

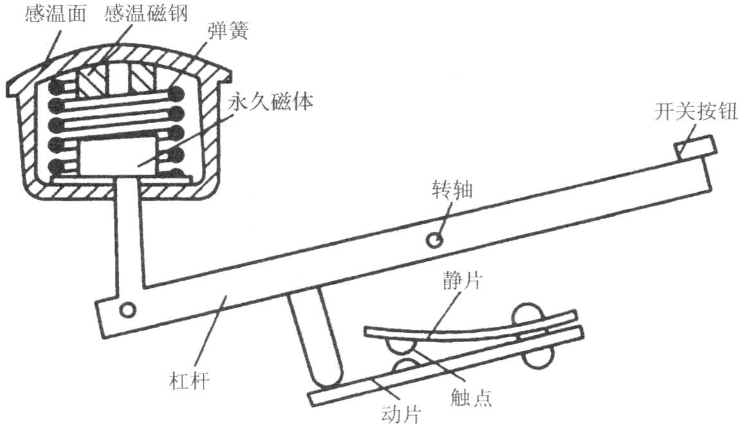

图 1–1–4　磁钢限温器结构示意图

(4) 双金属恒温器。

双金属恒温器在电饭煲中的主要作用是完成自动保温。一般电饭煲中的双金属恒温器将温度维持在 (65±5) ℃。

二、电饭煲的分类

家用电饭煲按加热方式可以分为间热式和直热式两种。

1.间热式电饭煲

间热式电饭煲有内锅与外锅。其中，内锅可装米和水等，是盛放与蒸煮物品的容器；外锅装有电热元件和温控元件，其中也放些水，当接通电源后，从外锅底部加热，使外锅里的水汽化为水蒸气，这些水蒸气间接对内锅加热。当外锅里的水蒸气达到一定温度时，温控元件会自动切断电源，然后运用余热焖饭。由于间热式电饭煲通过外锅产生的水蒸气从四周对内锅加热，所以加热比较均匀。

2.直热式电饭煲

直热式电饭煲是用发热元件直接加热锅体，所以这种电饭煲的热效率高。它又可分为组合式和整体式两种。

(1) 组合式电饭煲。

电饭煲由锅体及电热座两部分组成，两者之间没有紧固件连接。使用时只要把锅体放到电热座上，电热座即可从底部（或周围）给锅体直接加热。

组合式电饭煲的电热座由底盘、电热元件、温控器及电插座组成。其锅体多用陶瓷、搪瓷、铝合金或不锈钢材料制成。组合式电饭煲的锅体可取下，便于清洗，使用方便。

(2) 整体式电饭煲。

如图 1-1-5 所示，从外观看，电饭煲是个整体。内锅用于装食物，外锅起安全与装饰作用。电热元件与温控元件位于内锅底部，因为该种电饭煲直接加热内锅的锅底，所以热传导性能要比间热式好，但加热均匀性稍差。

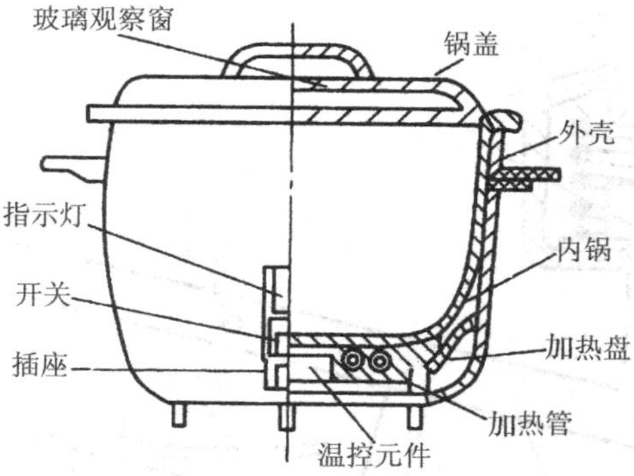

图 1-1-5 整体式电饭煲结构示意图

三、电饭煲的型号

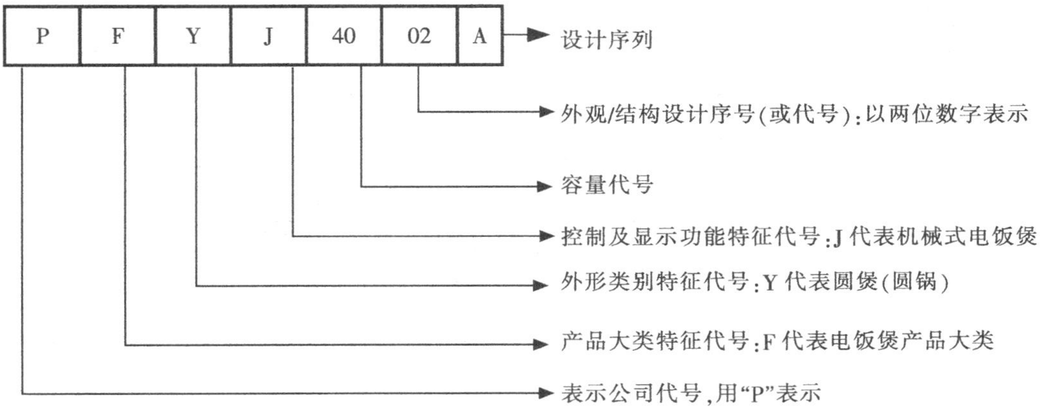

电饭煲的外形类别特征代号，见表 1–1–1。

表 1–1–1　电饭煲的外形类别特征代号

特征代号	外形类别
Y	圆煲(圆锅)
F	方煲
其他字母	留作备用

电饭煲的控制及显示功能特征代号，见表 1–1–2。

表 1–1–2　电饭煲的控制及显示功能特征代号

特征代号	控制及显示功能
J	机械式电饭煲
Z	机械式带煮粥功能
X	旋钮机械式带煮粥功能
E	电子/电脑控制,LED 指示灯显示
N	电子/电脑控制,数码屏显示
Y	电子/电脑控制,液晶屏显示
V	电子/电脑控制,VFD 显示
其他字母	留作备用

四、任务评价表

评价项目	项目评价内容	配分(分)	评分标准	得分(分)
知识考核	掌握电饭煲的内部构造	30	组成部分不全,每漏一处扣 5 分	
	识别电饭煲的型号	20	型号、参数的含义,每错一处扣 4 分	
操作考核	电饭煲的拆卸与装复	40	(1)识别组成部件,每错一处扣 5 分 (2)操作步骤错误,每错一处扣 3 分	
	安全生产	10	违反安全文明操作要求,每违反一次扣 2~4 分	
总分				

学生（签名）：　　　　　测评教师（签字）：　　　　　时间：

自我测试

(1) 电饭煲的作用是什么？

(2) 普通自动恒（保）温式电饭煲由哪几部分构成？

(3) 电饭煲的类型有哪些？

任务二　电饭煲的工作原理、维护及维修

任务描述

本任务介绍目前较常见电饭煲的工作原理，以及在使用过程中的维护和维修方法。

任务实施

一、常见电饭煲的工作原理

1.单键式电饭煲

图 1–2–1 所示为目前较常见的单键式电饭煲的电路原理图。

该电路中，双金属恒温器所控制的触点 S_2 在温度低于保温温度时处于常闭合状态。磁钢限温器所控制的触点 S_1 为单键开关，煮饭时需要将这个开关按下。双金属恒温器所

控制的触点 S_2 与磁钢限温器所控制的触点 S_1 并联。指示灯、降压电阻与加热器并联，当加热器工作时，指示灯亮。S_1、S_2 并联支路与加热器、指示灯并联支路串联，即当 S_1 与 S_2 全断开时，电加热器停止工作；而当 S_1 与 S_2 中的任何一个接通（或全接通）时，加热器即通电加热。

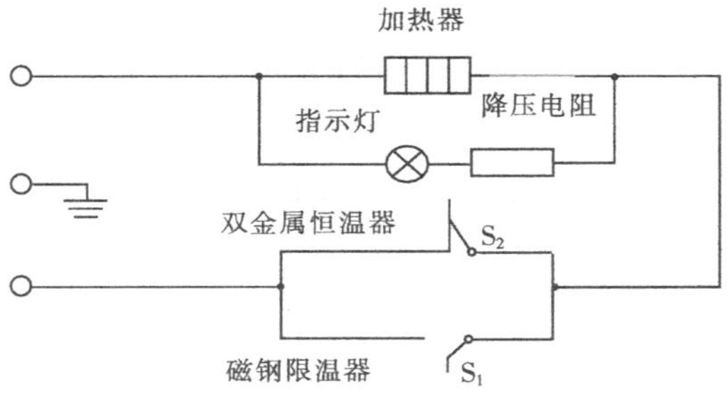

图 1-2-1　单键式电饭煲电路原理图

工作原理：接通电源，加热器就工作（发热），指示灯亮，电饭煲内开始升温。按下开关 S_1，电饭煲开始煮饭。当温度达到感温磁钢的居里点（103±2）℃时，感温磁钢失去磁性而使开关 S_1 自动断开；同时因为双金属恒温器的动断触点 S_2 在高于 65℃时也处于断开状态，因此加热器停止工作，指示灯熄灭，表明锅内米饭已煮熟。加热器断电后，其余热（热惯性）足以将饭焖至喷香可口的程度。若要保持熟饭有一定温度，则由双金属恒温器的触点 S_2 来完成此功能。因为随着饭的温度下降，当低于 65℃时，S_2 便会自动复位闭合，于是加热器又通电工作，锅内的饭又要升温；但当高于 65℃时，S_2 又断开。如此循环，就使锅内的米饭始终保持在 65℃左右，此时指示灯时亮时灭，以示保温。

2.PTC 自动恒温式电饭煲

自动恒温式电饭煲的双金属恒温器控制开关在保温过程中动作频繁，开关触点较容易被通、断电时的电火花烧坏。PTC 自动恒温式电饭煲用 PTC 元件替代了图 1-2-1 自动恒温式电饭煲的双金属恒温控制开关。运用 PTC 元件的正温度系数特性来控制电饭煲保温过程中流过加热器的电流，从而方便地实现了电饭煲的恒温控制。

PTC 恒温式电饭煲的突出特点是恒温控制精度高，使用寿命较长等。

3.电子恒温式电饭煲

电子恒温式电饭煲是目前国内电饭煲中结构最复杂、性能最好、保温时间最长、外观最漂亮而价格最高的，被称为“西施煲”。

(1)结构特点。

电子恒温式电饭煲的外形如图 1-2-2 所示。煲身共 4 层，即内锅、衬煲（中煲）、保温层和外壳。内煲涂有一层四氟乙烯涂层，外壳用尼龙-6 或 ABS 工程塑料制成。盖有 3 层，即内盖、衬盖和外盖。盖的中央开有一个出气孔。盖和煲身用搭扣扣住，故携带和使用方便，因为有保温层，所以电热效率高且外壳温度较低。

图 1-2-2　电子恒温式电饭煲的外形

(2)电路原理。

电子恒温式电饭煲的电路原理如图 1-2-3 所示。电子元件、指示灯均装在一块印制线路板上，感温热敏元件和超高温熔断器则装在保温层与衬煲之间。它通过感温热敏元件控制晶闸管的通与断，再通过晶闸管控制电加热器电路的通断，从而实现自动恒温加热的目的。

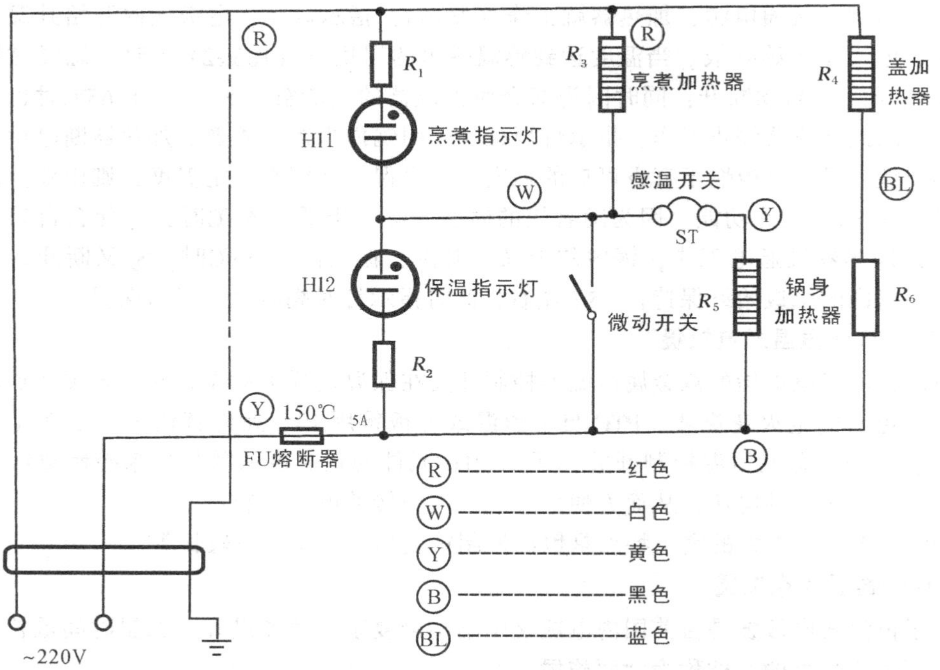

图 1-2-3　电子恒温式电饭煲的电路原理

二、电饭煲的维护

电饭煲在使用中要注意保持电热板和内锅底面间无异物，避免内锅碰撞发生变形，因为内锅变形会造成其不能与发热板紧密接触而使传热效率降低，把饭烧成夹生。电饭煲的按键按下时，温度要达到 103℃以上才能断电，故在烧水、烧汤时，水烧干前温度不会超过 100℃，此时温控器不能自动断电，在这种情况下使用电饭煲则需人在场照看。电饭煲应保持清洁，清洗内锅时需特别小心，不要使内锅底部变形，要注意电热板表面和电热板中间的温控器表面的清洁，以保证和内锅底部的紧密接触，使内锅与电热板、温控器之间导热良好。除内锅以外，不能用水浸洗或冲洗，以免电路部分沾水后影响安全。

煲内米饭保温时间长了，上层会变得干硬，只要在烧煮前于米粒上铺一层干净的纱布，就可避免干层。米饭在 25~40℃范围内，宜发生细菌繁殖而变质。但电饭煲保温温度控制在（65±5）℃，所以米饭不会变质。但对于定时式电饭煲，夏天煲内生米存放时间过长会发出酸味。

内锅底与电热板表面是相互吻合的球面体，使用时两者必须紧密接触，确保良好的导热性，所以不要用内锅直接淘米。内锅放入时应左右移动一下，使内锅放准、放平。不能用其他铝锅代替内锅使用，这不仅浪费电，还会损坏电热板。

三、电饭煲的常见故障及维修

自动恒温式电饭煲常见的故障现象有电热板不热、煮不熟饭、煮焦饭、保温失灵、外壳带电等。压力式电饭煲还有保压失效、限压阀不排气等常见故障。这两种电饭煲常见故障及检修方法见表 1–2–1。

表 1–2–1　电饭煲常见的故障及检修方法

故障现象	故障原因	检修方法和排除措施
一通电即烧坏电源熔丝	(1)熔丝容量较小 (2)插头内部引线脱落形成短路 (3)电饭煲上的电源插座中两铜柱之间因电木绝缘板烧焦后导电而短路 (4)电热板内部短路	(1)按电饭煲不同功率选用相应的新熔丝 (2)拆下插头，排除短路后再焊接好 (3)碳化不严重的，可用小刀刮除碳垢以及烧焦导电后的电木部分，有条件的用万用表电阻 1 kΩ 挡测量刮除后的绝缘电阻，表针不动即可，若碳垢严重则换用新元件 (4)更换电热板
接通电源、按下开关，指示灯不亮并且锅底不热	(1)电路板中电热丝断路 (2)电源引线断路 (3)双金属恒温器控制触点氧化或接触不良、弹簧片失灵	(1)用万用表测量，阻值应在 50~90 Ω 之间，否则应更换 (2)检查并重新接牢 (3)用细纱布清理氧化层，如接触不良，则逆时针旋转至听到一声“啪”后再旋转 40°即可
通电后按下开关，指示灯不亮但过低发热	(1)氖泡与电路接触不良 (2)氖泡坏 (3)限流电阻开路	(1)检查并排除 (2)更换氖泡 (3)更换限流电阻
按键按不下	(1)拉杆顶住磁钢 (2)内锅未放稳	(1)检查并排除 (2)将内锅左右转几下，放稳

续表

故障现象	故障原因	检修方法和排除措施
锅体带电	没有接地线	检查并接上可靠的地线
水烧不开，只有70℃左右	磁钢限温器动、静触点接触不良或完全不能接触	用纱布清除氧化层，若接触不到，可用钳子将动、静触点互相压下，使之接触并有压力
煮饭生熟不均匀	(1)电热板发热不均匀 (2)内锅底粘有异物或内锅底变形，使内锅与电热板接触不好	(1)换电热板 (2)清理内锅底，将内锅底整形，使锅底与电热板接触良好
饭焦，磁钢拉杆不能落下、复位	(1)磁钢限温中压紧弹簧弹性不足或失去弹性 (2)异物卡死弹簧	(1)将弹簧拆下并拉长一点或换用新弹簧 (2)排除异物，拆下弹簧并逆时针方向拧一下
磁钢限温器在103~105℃不能跳起	(1)磁钢限温器不能紧贴胆底 (2)内锅变形或有氧化物	(1)将内锅左右转动一下，再放稳 (2)将内锅底整形，如有氧化物或异物则清洗锅底或磁钢限温器表面的氧化物或异物
磁钢限温器复位动、静触点分开，但饭焦	双金属恒温器动、静触点烧蚀在一起	换用新的双金属恒温器
饭熟后，保温温度太高或太低	(1)双金属恒温器弹簧弹性不足 (2)双金属恒温器调温螺丝松动	(1)更换弹簧 (2)重新调整调温螺丝
饭未熟，但按键开关先跳	(1)磁钢限温器内感温磁铁失效或金属片接触不良 (2)磁钢限温器拉杆与杠杆位置变形 (3)内锅变形，使传热不良，局部过热	(1)更换磁钢限温器 (2)新换上的磁钢限温器较容易发生二次故障，用小钳子重新校正，增加些松动感即可 (3)更换变形的内锅

四、任务评价表

评价项目	项目评价内容	配分(分)	评分标准	得分(分)
知识考核	电饭煲工作原理	30	电饭煲的工作原理30分	
操作考核	能够正确维护电饭煲，以及会处理一些简单的故障	70	(1)维护电饭煲，每错一处扣5分 (2)操作步骤失误，每次扣5分	
总分				

学生（签名）：　　　　测评教师（签字）：　　　　时间：

自我测试

(1) 电饭煲的工作原理是什么？
(2) 电饭煲的正确使用方法是什么？
(3) 在煮饭的过程中，电饭煲总是把饭煮焦，出现该故障的原因是什么？

知识拓展

使用电饭煲的小窍门

1.电饭煲做食物，把内锅放入外壳后要左右转动几次，使内锅与电热板紧密接触。

2.内锅与电热板表面要保持干净，以免接触不良。

3.电饭煲只有在煮饭时才会自动跳闸，如果炖其他食物，要煮到水干时才会自动断电。所以应掌握火候，适时拔掉电源插头。

4.电饭煲的内锅是铝制品，应避免碰撞变形。如果内锅和电热板接触不良，可能会烧毁电热板和控温器。内锅变形需更换时，不可用普通铝锅代替使用。

5.不要煮酸、碱类或太咸的物质，也不宜放在潮湿处，以防锈蚀。用电饭煲煲汤、炖肉，应有人在场，防止水外溢流入电器内损坏电热元件。

6.要先放内锅，再插电源插头。取内锅时也应先将电源插头拔掉，以免触电。

7.电饭煲的内锅可以用水刷洗，但是它的外壳、电热板和开关等都不能湿洗，可用干布擦净。

8.不要将电饭煲的电源插头插接在台灯插座中，台灯的插座电线较细、载流量小，而电饭煲的用电功率大，电流通过量也较大，会使灯线发热，造成触电、起火等事故。所以电饭煲应有单独的插头，并配用相应规格的保险丝。电饭煲不宜靠近其他家用电器使用，更不宜与其他家用电器放在一起使用。因为电饭煲加热后，喷出的水蒸气会使电视机等电子元件的绝缘性下降，使电风扇网罩等金属部件的电镀层生锈，严重的还会造成电器短路。

任务三　电磁炉的组成、结构和型号

任务描述

本任务主要是了解电磁炉，并掌握电磁炉的硬件构成及其特点。教学现场应提供电磁炉整机一台。

任务实施

一、电磁炉的组成和结构

1.电磁炉的外形结构

从外观上看，电磁炉主要是由上盖、炉台面板、操作面板、底座、散热口、铭牌等部分构成，如图 1–3–1 所示为典型电磁炉的实物外形。

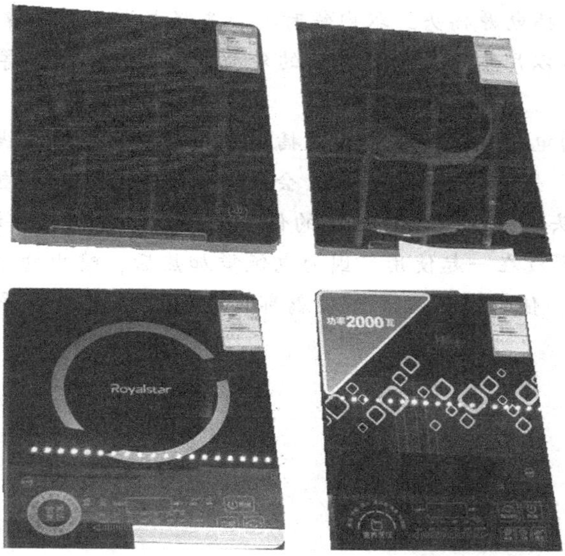

图 1–3–1　典型电磁炉的实物外形

电磁炉的炉台面板与电磁炉其他外壳部分结构不同，采用高强度、耐冲击、耐高温的陶瓷、石英或微晶材料制成，在加热状态下热膨胀系数小，可径向传播热量。电磁炉的炉台面板多为圆形和方形两种，并且其面板的花色也有所不同，主要有印花板、白板和黑板，如图 1-3-2 所示。

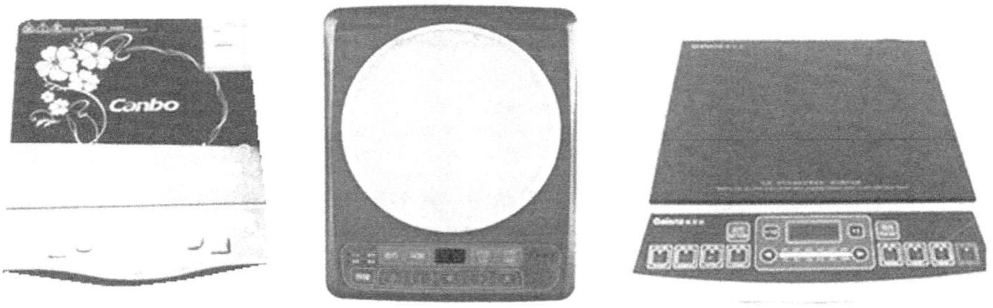

印花板电磁炉　　白板电磁炉　　黑板电磁炉

图 1-3-2　电磁炉炉台面板

电磁炉的操作面板上一般都设有电源开关和功能开关按键、火力调节按键、温度指示灯、显示屏等。如图 1-3-3 所示，用户可以通过操作面板的按键实现对电磁炉的工作控制，电磁炉再通过指示灯或显示屏显示出电磁炉的工作状态。

图 1-3-3　电磁炉操作面板

电磁炉的散热口位于底部，如图 1-3-4 所示。

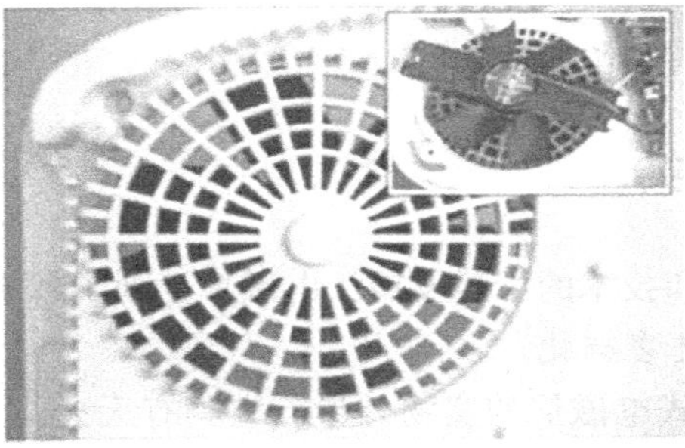

图 1-3-4　电磁炉散热口

电磁炉的品牌、型号、功率、产地等，都通过其铭牌进行标示，如图 1-3-5 所示。通过电磁炉的铭牌还可以了解其供电电压和最大输入功率。

图 1-3-5　电磁炉的铭牌

2.电磁炉的内部结构

电磁炉的内部结构主要包括功率输出电路板、检测控制电路板、操作显示电路板以及炉盘线圈（又称线圈盘）、风扇散热组件等几部分，如图 1-3-6 所示为典型电磁炉的实物内部。

图 1-3-6　典型电磁炉的实物内部结构图

做一做

拆开一台电磁炉，你看到了些什么？

二、电磁炉的分类

随着生活水平的提高和技术的不断发展，电磁炉受到了越来越多家庭的青睐，电磁炉的样式和功能也逐渐趋向于多样化。

如图 1-3-7 所示为台式电磁炉的实物外形，它具有无火、无烟和安全、方便等特点。随着电磁炉使用率的提高，除单炉台式电磁炉外，双炉台和多炉台式电磁炉也逐渐增多，如图 1-3-8 所示为双炉台和多炉台式电磁炉的实物外形。

图 1–3–7　单炉台式电磁炉的实物外形

单炉台式电磁炉的工作电压为 120~280 V，最常见的功率是 1 900~2 200 W，广泛应用于家庭炒菜做饭。为了适应家庭厨房多样性的需求，许多电磁炉生产厂商还推出了电磁炉与煤气灶合二为一的混合型电磁炉，即将电磁炉与煤气灶制成一体，一边是电磁炉炉台，一边是煤气灶炉台，如图 1–3–9 所示。

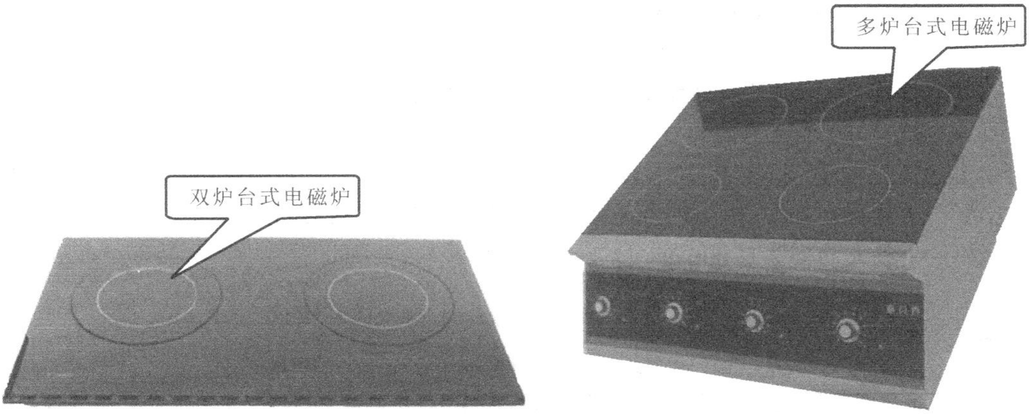

图 1–3–8　双炉台和多炉台式电磁炉的实物外形

双炉台式电磁炉的工作电压是 120~280 V，面板有一平一凹及双平的，一般单头功率为 2 100 W，双头同时工作不超过 3 500 W，国内使用者还不多。

多炉台式电磁炉，一般为两个电磁炉炉头外加一个远红外炉头，国内能生产的非常少。商用电磁炉多为 380 V 电压，功率以 3~35 kW 为主，其应用范围广泛，煎、炒、炸、煮、蒸、炖、焖、扒、煲等样样皆能，且比传统的燃油灶节约 50%的燃料成本，比传统燃气灶节约 60%的燃料成本。电磁炉无明火、无热辐射、无烟、无灰、无污染、不升高室温，不产生 CO、CO_2、SO_2 等有害物质，使环境得到保护。厨房清洁、清爽，让厨师感觉安逸而身心健康。适用场合：任何使用传统炉具的场所，例如医院、厂矿企业、宾馆、餐厅、院校、机关等；特别适合无燃料供应或限制燃料使用的场合，例如地下室、铁路、车辆、船舶等，由于我国的电力发展得迅速，这种大功率的商用电磁炉将会被广泛应用。

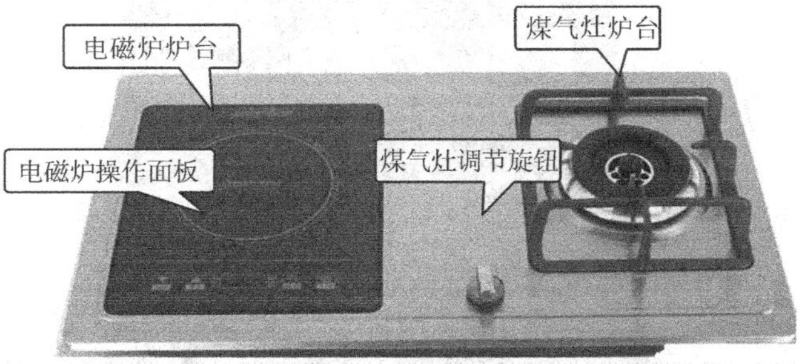

图 1-3-9　混合型电磁炉

三、电磁炉的型号

(1) 就陶瓷板而言：P——陶瓷板的面为平面；A——陶瓷板的面为凹面。

(2) 就显示方式而言：V——VFD 显示，即荧光彩色显示（高档系列）。

C——LCD 显示，即蓝屏液晶显示（中档系列）。

S——数码显示，即数码管显示（中档系列）。

空缺——无显示功能（低档系列）。

(3) 就陶瓷面板形状而言：Y——面板为圆形（Y：yuan 圆）。

F——面板为方形（F：fang 方）。

(4) 功率说明：由两位数组成，数据乘 100 即得电磁炉的最大功率。

如：08——最大功率为 800 W；16——最大功率为 1 600 W。

(5) 设备区分码：A、B、C、D，用于区分同一系列中不同电磁炉。编码示例：MC-PVF20A，C——电磁炉，P——平面陶瓷板，V——VFD 显示方式，F——方形面板，20——最大功率为 2 000 W，A——A 型号。

四、任务评价表

评价项目	项目评价内容	配分(分)	评分标准	得分(分)
知识考核	掌握电磁炉的内部构造	35	组成部分不全,每漏一处扣 5 分	
	识别电磁炉的型号	15	型号、参数的含义,每错一处扣 3 分	
操作考核	电磁炉的拆卸与装复	40	识别组成部件,每错一处扣 5 分 操作步骤错误,每错一处扣 3 分	
	安全生产	10	违反安全文明操作要求,每违反一次扣 2~4 分	
总分				

学生（签名）：　　　　测评教师（签字）：　　　　时间：

自我测试

(1) 目前有哪几类电磁炉？

(2) 电磁炉的内部结构主要包括哪几部分？

知识拓展

电磁炉适用的锅类容器：铁系锅，不锈钢锅。

注：复合底锅必须是电磁炉专用。

电磁炉不适用的锅类容器：材料为铝、铜的容器、锅；容器底部直径低于 12 cm 者；容器底部凹凸高度大于 2 cm 者；不锈钢双层复合底锅（非电磁炉专用）。

任务四　电磁炉的工作原理、维护及维修

任务描述

本任务的目的是让学生理解电磁炉的工作原理，掌握电磁炉的维护以及对电磁炉的维修处理。教学现场应提供电磁炉一台。

任务实施

一、电磁炉的工作原理

电磁炉是利用电磁感应原理对食物进行加热的，在励磁线圈中通以交流电，产生交变磁场。由于电磁感应效应，在铁或不锈钢制成的金属锅中会产生涡电流，电流的焦耳热就可以对食物进行加热和烹饪。这种最新的加热方式，能减少热量传递的中间环节，可大大提升制热效率，比传统炉具（电炉、气炉）节省一半以上的能源。

电磁炉加热原理如图 1–4–1 所示，炉台台面是一块高强度、耐冲击的陶瓷平板（结晶玻璃），台面下边装有高频感应加热线圈（即励磁线圈）、高频电力转换装置及相应的控制系统，台面的上面放有平底烹饪锅。

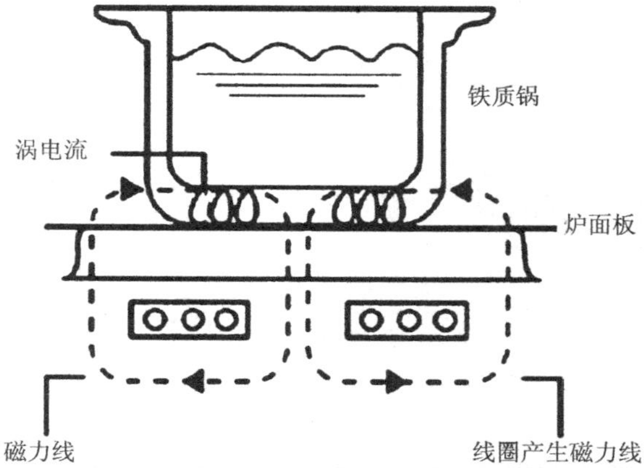

图 1–4–1　电磁炉加热原理图

其工作过程如下：交流电经过整流器转换为直流电，又经高频电力转换装置使直流电变为高频交流电，将高频交流电加在扁平空心螺旋状的感应加热线圈上，由此产生高频交变磁场。其磁力线穿透炉台的陶瓷面板而作用于金属锅。在烹饪锅体内因电磁感应产生强

大的涡电流，涡电流克服锅体的内阻流动时完成电能向热能的转换，所产生的焦耳热就是烹调的热源。

二、电磁炉的维护

1.电磁炉的保养

（1）电源要求。

①必须使用各项技术指标符合标准且带地线的三孔插座（最好选用有CCC标志的产品）的电磁炉，绝对不可自行换用没有地线的两孔插座，因为两孔插座的插头插上后易松动且不符合国家标准，易发生瞬时打火，电流增大，较危险。

②插座不要位于电磁炉的正上方，防止热量上升烧烫电源。

③若有易使电流发生骤变且较为频繁的电器（如电焊机、冲击钻、电锤等），或其他高功率电器（如电冰箱、洗衣机、热水器）等与电磁炉同时使用，则较易损坏电磁炉，应引起注意，最好使用带有过流保护装置的插线板或选用稳定电源。最好不同时使用或尽量不在电磁炉工作的同时开关其他家用电器，以免损坏电磁炉。

（2）电磁炉的散热。

电磁炉工作时机体内部存有一定的热量，为使电磁炉正常工作，并发挥更好的作用，延长其使用寿命，这部分热量要及时地排放出去，所以尽量将电磁炉放置于有利于空气流通及散热的位置。

（3）电磁炉的清洗。

①擦洗前请先拔掉电源线。

②面板脏时或油污导致变色时，请用去污粉、牙膏或汽车车蜡擦拭，再用毛巾擦干净。机体和控制面板脏时以柔软的湿抹布擦拭。不易擦拭的油污，可用中性洗洁剂擦拭后，再用柔软的湿抹布擦拭至不留残渣。

③切勿直接用水冲洗电磁炉或将电磁炉浸入水中刷洗。

④经常保持机体的清洁，以免蟑螂、昆虫等进入炉内，造成机体失灵。

⑤吸气/排气罩可拆卸后用水直接清洗或用棉花棒将灰尘除去，也可用牙刷加少许清洁剂清洗。

（4）出现意外情况。

如果使用电磁炉的过程中发现不正常停机或报警等异常情况，一定要马上停止使用，及时与厂家维修部进行联系，如果确定有问题，请专业维修人员进行处理，千万不可自行拆卸。

（5）电磁炉的收藏。

在长时间不使用电磁炉时，首先要擦洗干净、晾干机体后收藏起来，不要在潮湿环境中保存，要放于干燥处且包装内尽量放一些干燥剂和蟑螂药，避免挤压，以备再用。

2.电磁炉使用的其他注意事项

（1）炒菜锅在使用后不要置于炉面上，避免下次使用时难以启动。

（2）烹调结束，锅具产生的高温热量会传导至电磁炉面板，切勿立即触摸该面板。

（3）切勿用拉扯电线的方法拔出插头。

（4）在确认不用电磁炉时，切勿使电源线一直处于接通状态。

三、电磁炉的常见故障及维修

工频电磁炉和高频电磁炉的常见故障及检修方法分别见表1–4–1及1–4–2。

表1–4–1 工频电磁炉的常见故障及检修方法

故障现象	故障原因	检修方法和排除措施
通电后，电磁炉不能得电	(1)插头与插座间接触不良，电源线松脱或断线 (2)熔丝熔断	(1)重插，使接触良好，检查电源线，如断裂则更换 (2)检查熔丝，如损坏则更换熔丝
加热时水锅震动、转动或发出很大噪声	各磁极对锅产生的感应磁力不平衡	(1)调整等距磁极和励磁线圈中的电流 (2)检查励磁线圈中串联的电容，如损坏，则更换电容
锅不热或热效率差	用错锅(不能用铅、钢或不锈钢为材质的锅)	换成专用的复合材料锅
温度过高	安全保护装置失效	检查和保护电路中的元器件，重点查继电器和晶闸管，如损坏则进行更换

表1–4–2 高频电磁炉的常见故障及检修方法

故障现象	故障原因	检修方法和排除措施
指示灯不亮也不加热	(1)电源插头、插座接触不良，电源线断路 (2)熔丝熔断	(1)逐一检查，重新插好插座，连接好断路的电源线 (2)查明原因再换同规格的新熔丝
指示灯亮但不加热	(1)电源整流桥损坏 (2)加热线圈断线 (3)低频阻流圈损坏 (4)谐振电容或消振移相电容损坏 (5)启振电容损坏 (6)控制器不良	(1)用万用表检查桥堆两对引脚的正、反向电阻，若正、反向相差不大，则应更换新桥堆 (2)重新绕制或更换 (3)重绕或更换阻流圈 (4)更换谐振电容或消振移相电容 (5)更换启振电容 (6)修理或更换控制器
温度过高	(1)控制器失灵 (2)冷却风扇失灵	(1)修理或更换控制器 (2)修理或更换风扇电动机
温度不能调整	(1)调整电路损坏 (2)调整电位器损坏	(1)修理调整电路 (2)更换电位器
温度太低	(1)锅未放正 (2)灶台上尘垢太厚或有大颗粒杂物 (3)锅底不平 (4)灶台有裂痕	(1)重新放正 (2)清除油垢及杂物 (3)对锅底进行校正 (4)进行修补或更换

四、任务评价表

评价项目	项目评价内容	配分(分)	评分标准	得分(分)
知识考核	电磁炉工作原理	30	电磁炉的工作原理 30 分	
操作考核	能够正确维护电磁炉，以及会处理一些简单的故障	70	(1)维护电磁炉，每错一处扣 5 分 (2)操作步骤失误，每次扣 5 分	
总分				

学生（签名）：　　　　测评教师（签字）：　　　　时间：

自我测试

(1) 简述电磁炉的工作原理。

(2) 电磁炉在使用过程中应该注意什么？

(3) 在使用电磁炉的过程中电磁炉指示灯不亮，可能存在哪些问题？

知识拓展

如何安全使用电磁炉

1.使用之前的注意事项

(1) 应使用质量好的插座，插座接触不良会导致烧机或电磁炉无法正常工作。

(2) 在插头电线损坏或电源插头未牢固地插入插座时，切勿使用电磁炉。

(3) 切勿弯曲、捆扎电线或对其施力过度，这会引起损坏。

(4) 切勿使任何障碍物附在本机插头或电源插座上。

(5) 切勿将插头插入已插有几个其他电器装置的插座，电流不得超出插座的极限（本装置的使用电流约为 10 A）。

(6) 切勿在可能受潮或靠近火焰的地方使用电磁炉。

(7) 电磁炉在放置了一段时间后，若重新使用电磁炉，请先通电 10 min，使电磁炉内部电子元件稳定后，再开机进行功能操作。

2.使用时的注意事项

(1) 切勿放置在不平稳的平面上。

(2) 切勿阻塞吸气口或排气口，避免炉内超温。

(3) 切勿在儿童可触及或儿童能自行使用的地方使用电磁炉。

(4) 切勿对空锅加热或加热过度。

(5) 切勿将诸如刀、叉、勺子、锅盖与铝箔等金属物品放置在顶板上。

(6) 切勿在盛放锅具的状态下搬动电磁炉。

(7) 切勿在四周空间不足的地方使用电磁炉，应使电磁炉的前部与左右两侧保持干净。

(8) 切勿使物品跌落到面板上。如果面板表面出现裂纹，应立即关掉电源，拔出插头并送去修理。

任务五　微波炉的组成、结构和型号

任务描述

本任务主要了解微波炉的组成并掌握微波炉的结构及其型号。教学现场应提供微波炉一台、常用电工工具一套。

任务实施

一、微波炉的组成和结构

1.微波炉的实物

微波炉的实物如图 1-5-1 所示。

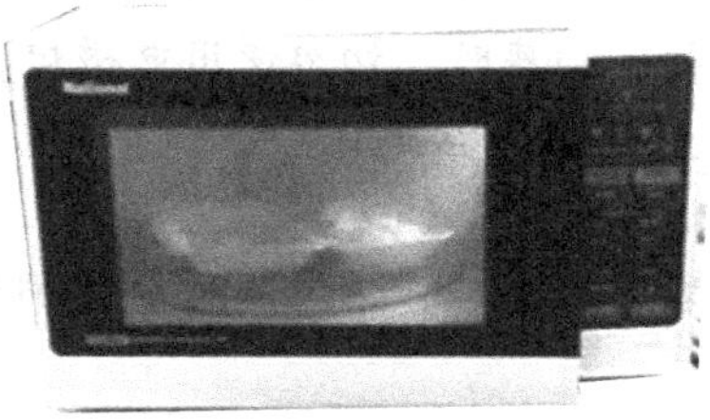

微波炉实物图（外部结构）

微波炉实物图（内部电路）

图 1-5-1　微波炉的外部结构及内部电路

做一做

在实训指导教师的帮助下，尝试拆卸一台微波炉，看看其内部各部件的位置及外形。

2.微波炉内部结构，如图 1–5–2 所示

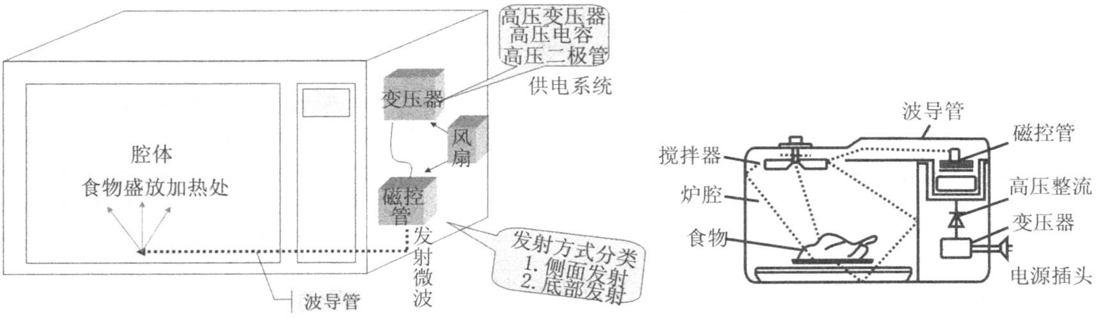

图 1–5–2　微波炉内部结构图

(1) 磁控管，是微波炉的“心脏”，由它产生和发射微波（直流电能转换成微波振荡输出），它实际上是一个真空管（金属管）。

(2) 高压整流变压器，是给磁控管提供电压的部件。

(3) 炉腔，也称谐振腔，是烹调食物的地方，由涂有非磁性材料的金属板制成。在炉腔的左侧和顶部均开有通风孔。经波导管输入炉腔内的微波在腔壁内来回反射，每次传播都穿过和经过食物。

(4) 波导管，将磁控管产生的微波功率传输到炉腔，以加热食物。

(5) 搅拌器，旋转工作台安装在炉腔的底部，离炉底有一定的高度，由一只转速为 5~6 转/分的小马达带动。

3.微波炉的外部构造，如图 1–5–3 所示

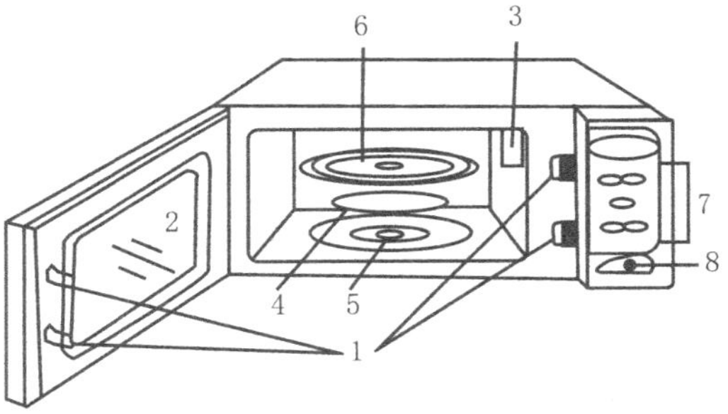

1.炉门安全连锁开关　2.视屏窗　3.通风口　4.转盘支撑架　5.转轴
6.玻璃转盘　7.控制面板　8.炉门开关

图 1–5–3　微波炉的外部结构图

(1) 炉门安全连锁开关，其作用是保证在开门状态下微波炉不能工作，微波不会泄漏，以确保操作人员安全。

(2) 有金属屏蔽层的视屏窗，用于屏蔽微波，同时便于操作人员观察炉内食物的烹调状况。

(3) 通风口，用于保持良好通风。

(4) 转盘支撑架，其作用是支撑玻璃转盘，并且使它按其轨道转动。

(5) 转轴，可带动玻璃转盘转动。

(6) 盛放食物的玻璃转盘，转动时可使食物加热均匀。

(7) 控制面板，其上面主要是轻触式按键开关和数码显示器等。

(8) 炉门开关按钮，按此开关可打开炉门。

二、微波炉的分类

1.按控制方式分

微波炉按控制方式的不同，可分为机电控制型和电脑控制型。机电控制型通过定时器和功率调节器等机械装置来控制微波加热的时间，电脑控制型按设定的程序完成各种操作。

2.按功能分

微波炉按功能分，可分为单一微波加热型和多功能组合型。单一微波加热型，又分为转盘式和搅拌式两种。多功能组合型，在单一微波加热的基础上，增加烘烤装置。

3.按容量分

按微波炉的容量还可划分为 17 L、18 L、20 L、23 L、24 L、26 L、28 L 等微波炉。

三、微波炉的型号（以格兰仕为例）

1.功能代码

若型号首端出现此处前字母 W，则为名称代码，代表微波炉，通常此处省略。P：普通型——单一微波加热功能。D：多功能型——除微波加热功能，还带有传统石英烧烤功能。G：光波型——除微波加热功能，还带有光波烧烤功能和光波杀菌功能，是真正的光波炉（功能的拼音的第一个字母）。

2.功率规格代号

用 W（瓦）为单位，表示额定输出功率，如 900 表示该微波炉额定输出功率为 900 W，700 表示该微波炉额定输出功率为 700 W。

3.腔体模具代码

D、N：表示转盘式加热腔体模具，其中 501A 系列的腔体模具用 N 表示。

Q、W：表示 23 L 大容量抽屉式平板加热腔体模具。

F、L：表示 20 L、23 L 平板式加热腔体模具。

4.炉腔容积代号

用以 L 为单位的数值表示，如 23 代表炉腔容积为 23 L。

5.电脑式微波炉控制方式代码

用一个大写英文字母表示，省略时则表示机械控制方式，具体字母含义如下。

A：电脑型控制方式，无中华美食功能，如 G80D23ASJ-Q2。

C：具有中华美食功能的电脑型控制，如 G80D23CSL-Q6。

D：复合型，旋钮码控制+按键开关，如 G8023DHL-V8。

Y：采用智能大屏幕显示的电脑型控制，如 G80Q23YSL–V9。

Ya：薄膜开关+大屏幕显示。

Ye：旋钮码+大屏幕显示。

E：旋钮型控制，如 G80Q23ESL–V9（银）。

M：全新触摸屏控制面板、LCD 显示屏，如 G80W23MSL–C2（S0）。

M1：全新触摸屏控制面板、TFT 显示屏，如 G80Q23M1SL–C2（S0）。

6.炉腔代码

S：不锈钢腔体，如 G80D23ASJ–Q2。

T：5T 内锅，如 WG700CTL20–K6（银）。

H：钛氧黑钻内锅，如 G8023DHL–V8（银）。

N：纳米黑钻内锅，如 P80D23NL–B7（S0）。

N1：纳米银内锅，如 P80D23N1L–A9（S0）。

N2：有氧生态舱，如 G80D23CN2P–T7（B0）。

7.炉门样式代号，用一个大写字母表示

X：下拉门型。

L：手拉门型，如 G80Q23ESL–V9（银）。

P：普通门型，手按门，如 G80D23CN2P–T7（B0）。

J：简易手拉门（易拉门），如 G80D23ASJ–Q2（拼音的第一个字母）。

8.改进代号

用罗马数字表示同一款式微波炉的款式改进次数，如 WP750II 是 WP750 的第二次改进型。

9.款式分类

用以区分同一炉门样式而不同款式的微波炉，用阿拉伯数字表示，当为第一种款式的时候，可省略。

10.颜色代码

R0：红色，第一次设计代码（注意：是数字 0 或 1，而不是字母 O）。

B：黑色。

S0：银色，第一次设计代码。

W：白色。

四、任务评价表

评价项目	项目评价内容	配分(分)	评分标准	得分(分)
知识考核	掌握微波炉的内部构造	35	组成部分不全,每漏一处扣5分	
	识别微波炉的型号	15	型号、参数的含义,每错一处扣3分	
操作考核	微波炉的拆卸与装复	40	识别组成部件,每错一处扣5分 操作步骤错误,每错一处扣3分	
	安全生产	10	违反安全文明操作要求,每违反一次扣2~4分	
总分				

学生(签名):　　　　　　测评教师 (签字):　　　　　　时间:

自我测试

(1) 微波炉的内部结构主要有哪几部分?

(2) 微波炉按功能分类可分为哪几种?

(3) 通过上网或市场调查列举5大微波炉品牌。

任务六　微波炉的工作原理、维护及维修

任务描述

本任务主要了解微波炉的工作原理,并掌握常见的微波炉的维护及维修。教学现场应提供微波炉一台、常用家用电子产品维修工具一套。

任务实施

一、微波炉的工作原理

微波炉是利用食物在微波场中吸收微波能量而使自身加热的烹饪器具。由微波炉内的微波发生器产生的微波在微波炉炉腔中建立起微波电场,并采取一定的措施使这一微波电场在炉腔中尽量均匀分布,将食物放入该微波电场中,由控制中心控制其烹饪时间和微波电场强度,从而进行各种各样的烹饪。

通俗地讲，微波是一种高频率的电磁波，其本身并不产生热，在宇宙、自然界中到处都有微波，但存在于自然界的微波，因为分散不集中，故不能加热食品。微波炉乃是利用其内部的磁控管，将电能转变成微波，以 2 450 MHz 的振荡频率穿透食物，当微波被食物吸收时，食物内的极性分子（如水、脂肪、蛋白质、糖等）以每秒钟 24.5 亿次的速度快速振荡，这种振荡的宏观表现就是食物被加热了。

二、微波炉的正确使用方法

1.微波炉的使用注意事项

(1) 微波炉加热时的容器。忌用普通塑料容器：一是热的食物会使塑料容器变形；二是普通塑料会放出有毒物质，污染食物，危害人体健康。忌用金属器皿：因为放入炉内的铁、铝、不锈钢、搪瓷等器皿，微波炉在加热时会与之产生电火花并反射微波，既损伤炉体又不能加热食物。忌使用封闭容器：加热液体时应使用广口容器，因为在封闭容器内食物加热产生的热量不容易散发，使容器内压强过高，易引起爆炸。忌用瓶颈窄小的瓶：就算打开了盖，瓶子也易因压强变化慢而膨胀，导致爆炸。凡竹器、漆器等不耐热的容器，有凹凸状的玻璃制品，均不宜在微波炉中使用。瓷制碗碟不能镶有金、银花边。应使用专门的微波炉器皿盛装食物，再放入微波炉中加热。

(2) 忌超时加热。食品放入微波炉解冻或加热，若忘记取出，如果时间超过 2 h，则应丢掉不要，以免引起食物中毒。微波炉的加热时间要视材料及用量而定，还和食物新鲜程度、含水量有关。由于各种食物加热时间不一，故在不能肯定食物所需加热时间时，应以较短时间为宜，加热后可视食物的生熟程度再追加加热时间。否则，如果时间太长，会使食物发硬，失去香、色、味，甚至产生毒素。按照食物的种类和烹饪要求，可参照微波炉说明书调节定时及功率（温度）旋钮。

(3) 忌将肉类加热至半熟后再用微波炉加热。因为在半熟的食品中细菌仍会生长，第二次再用微波炉加热时，由于时间短，不可能将细菌全杀死。冰冻肉类食品须先在微波炉中解冻，然后再加热为熟食。

(4) 忌再冷冻经微波炉解冻过的肉类。因肉类在微波炉中解冻后，实际已将外面一层低温加热了，在此温度下细菌是可以繁殖的，虽再冷冻可使其停止繁殖，却不能将细菌杀死。已用微波炉解冻的肉类，如果再放入电冰箱冷冻，必须加热至全熟。

(5) 忌油炸食品。因高温时油会发生飞溅而导致火灾。如果不慎引起炉内起火时，切忌开门，而应先关闭电源，待火熄灭后再开门降温。

(6) 忌将微波炉置于卧室，同时应注意不要用物品覆盖微波炉上的散热窗栅。

(7) 忌长时间在微波炉前工作。开启微炉后，人应距离微波炉至少 1 米。

(8) 忌与其他电器共用同一插座，且要用装接了地线的插座。

(9) 忌用微波炉暖婴儿的牛奶，因为牛奶热得不均匀时，容易灼伤婴儿。另外，会破坏牛奶的营养成分。

(10) 忌用微波炉去烘干衣服或者把硬化的指甲油煮软，以防起火。

(11) 忌徒手移出微波炉内的食物。盛器及盖子加热后往往积聚了蒸汽，又会吸收食物的热气，而变得十分烫手，应该用防热手套或垫子，以防灼伤。

(12) 不允许将不含水食物放置于微波炉内加热，这样会导致微波炉损坏。

2.微波炉的加热注意事项

(1) 加热时间过长，影响品质。

如果用微波炉加热牛奶时间过长，会使牛奶中的蛋白质受高温作用，由溶胶状态变成凝胶状态，导致沉积物出现，影响乳品质量。牛奶加热的时间越长、温度越高，其营养流失就越严重，其中维生素 C 流失得最厉害，其次是乳糖。

(2) 避免加热包装，减少不利影响。

直接把袋装奶放进微波炉加热，对人体健康会产生不利影响。如果包装材料上没有注明“可用微波炉加热”的字样，就不适宜直接放入微波炉中加热。

三、微波炉的维护

(1) 每次用毕，用湿毛巾将炉的内壁及转盘抹净，再用干毛巾抹去所有水分，并将炉门打开片刻以通风散热。抹干净门缝及门铰，切勿遗留物品导致炉门不能关紧而泄漏辐射。

(2) 炉壁四角、四周与炉门相接之处，应常保持清洁。如有清洁剂或食物碎屑及油渍残留在门铰及门缝上，可用湿布蘸些中性清洁剂擦去，切勿用磨洁布或粗糙带腐蚀性的清洁剂去擦或用小刀去刮。微波炉用过后若不随即擦拭，很容易在内部结成油垢，所以只好用特别的招数除垢：放一杯水入炉，大火煮 2~3 min，让微波炉内充满蒸汽，这样可使顽垢因饱含水分而变得松软，容易去除。

(3) 如果炉内有异味，可置一杯水入炉内，加一汤匙柠檬汁或白醋，大火热 2~3 min，移去杯子再拭净，异味便会消除。

(4) 炉的外壁要保持清洁，除去因日常烹调而引起的油污，以免降低微波炉的效能。

(5) 炉内应经常保持清洁。在断开电源后，使用湿布与中性洗涤剂擦拭，不要冲洗，勿让水流入炉内。

四、微波炉的常见故障及维修

微波炉使用中会发生刚接通电源，保险丝就熔断的故障。现介绍该故障的排除方法。

微波炉电路分电源控制系统和高压系统两部分。检修时可以高压变压器为界，先断开次级电路，以便迅速判断故障部位，同时保证检修安全。先打开微波炉外壳，找到高压变压器与高压电容器，由于次级电路是用接插件连接的，所以只需拔下接插件即可，十分方便。此时更换保险丝通电，会出现以下两种情况。

1.通电后风机及托盘运转均正常

这表明电源控制系统及变压器完好，故障在高压系统中。可继续检查高压电容器和高压硅堆，如果发现高压电容器已击穿，就说明机内保险丝烧断的原因是变压器次级短路，电流过大。更换同规格的电容器后，故障即可排除。

2.通电后机内保险丝再次烧断

由此可判断高压电路系统正常，故障发生在变压器本身或电源控制电路中。可拔下变压器初级电路一端的插件，通电后若风机、托盘运转正常，说明变压器损坏。故障原因可能是变压器绕组匝间短路，更换变压器，故障即可排除。若拔下变压器初级电路的插件，通电后机内保险丝仍熔断，则故障肯定发生在电源控制系统中。故障原因可能是连锁开关、监控开关损坏，电源线或导线严重漏电甚至短路所致。这些元件只要通过简单检查，即可发现故障所在，排除或更换元件后，微波炉即可恢复正常工作。

五、任务评价表

评价项目	项目评价内容	配分(分)	评分标准	得分(分)
知识考核	掌握微波炉的工作原理	5	掌握微波炉的工作原理 5 分	
	识别微波炉的主要加热部件	5	识别微波炉的主要加热部件 5 分	
操作考核	微波炉的正确使用方法	70	每错一处扣 5 分	
	微波炉的日常维护	20	每错一处扣 4 分	
总分				

学生（签名）：　　　　测评教师（签字）：　　　　时间：

自我测试

（1）简述微波炉的工作原理。

（2）列举常见的微波炉使用、保养方法。

（3）简要叙述微波炉常见故障的检修方法。

项目二

吸油烟机、燃气灶、热水器

厨房是家庭室内环境中最大的污染源，厨房排放的油烟、气体中，含有一氧化碳、二氧化碳、氮氧化物，以及具有强烈致癌性的苯，对人体危害极大。常用食用油加热到270℃左右产生的油雾凝聚物，可导致细胞染色体的损伤，这也是家庭主妇皮肤容易衰老和多病的原因。有了吸油烟机，就不会为厨房的卫生而烦恼，家人也不会饱受油烟的侵蚀。本项目将介绍吸油烟机、燃气灶和热水器的结构、型号、工作原理及安装、维护方法。

知识目标

(1) 了解吸油烟机、燃气灶、热水器的构成、功能、特点。

(2) 了解吸油烟机、燃气灶、热水器简单的工作原理及相关知识。

技能目标

(1) 熟悉吸油烟机结构，燃气灶、热水器的布局及部件设置位置。

(2) 掌握吸油烟机、燃气灶、热水器的简单维护、维修技能。

任务一　吸油烟机的组成、结构和型号

任务描述

本任务主要了解吸油烟机，并要求掌握吸油烟机的硬件构成及其特点。教学现场应提供吸油烟机一台。

任务实施

一、吸油烟机的组成和结构

一般来说，一个完整的吸油烟机应该包括以下部件，如图 2–1–1 所示。

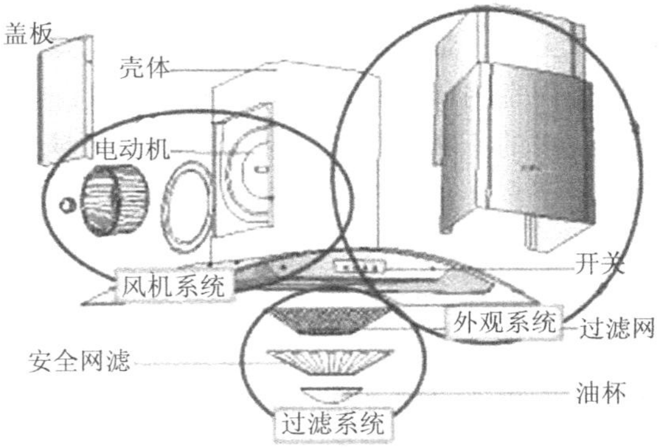

图 2–1–1　吸油烟机组成示意图

1.电器部件

一般包括电路控制板、开关、照明线路、涉及电器性能和控制的电器元件。

开关：开关是吸油烟机的控制部分，大概分机械、轻触、红外无线遥控等几大类，通过开关来控制吸油烟机的风量、照明、定时、自动等功能。国标中规定开关的寿命是一万次。

2.风机系统

吸油烟机的核心部分是风机系统。风机系统一般包括电机、叶轮、蜗壳三大部件，以及它们之间用于连接和密封的连接件和密封件。

（1）叶轮：经反复实验后设计制造，并经严格的静平衡、动平衡检测，使其运转稳、噪声低，叶轮表面一般采用不粘油涂层处理，便于清洗。

(2) 电动机：电动机是吸油烟机核心部分的核心部件，功率的高低、风量的大小都直接跟电动机有关，一般电动机入厂前都要进行安全性能检测，例如耐压程度、是否泄漏电流等。

3.壳体部分

一般包括机器的面板、侧板、内板和后板等，同时也包括一些附件和用于固定安装的塑料件和密封件。

(1) 主壳体和内腔：主壳体是整个吸油烟机的骨架，承载蜗壳，是安装主体。合理科学的主壳体和内腔设计，应符合空气动力学原理，使吸烟空间更大，沿程损失和局部损失更小，使排出油烟更顺畅，吸烟更完全、更彻底；使油路更畅通，残油流入油杯，不漏油。

(2) 出风管：市场上一般采用可拉伸的铝箔管和塑料管两种。由于新国标的要求，我们将逐步开始采用铝箔管。

说一说

结合图 2–1–1 所示，说说吸油烟机大体由哪些组成。

二、吸油烟机的分类

吸油烟机是指安装在炉灶上部，带有照明装置，由电动机驱动，用于收集被污染的空气，将其过滤或净化处理后排向室内或经管道排向室外的器具。

随着生活水平的提高和技术的不断发展，吸油烟机受到了越来越多家庭的青睐，吸油烟机的样式和功能也逐渐趋向于多样化。按照不同的分类标准，吸油烟机又可以分为不同类别。

1.根据国标分类

根据 GB/T17713–2011《吸油烟机》可分类如下：

(1) 按净化方式可分为：外排式、循环式和两用式。

(2) 按主电动机数量可分为：单电动机型和双电动机型。

(3) 按操作方式可分为：手动型和自动型。

2.根据产品特点分类

根据市场上现有产品的实际特点，又可按以下情况分类：

(1) 按外观造型不同可分为：薄型机、深型机和欧式机等。

①薄型机，如图 2–1–2 所示。

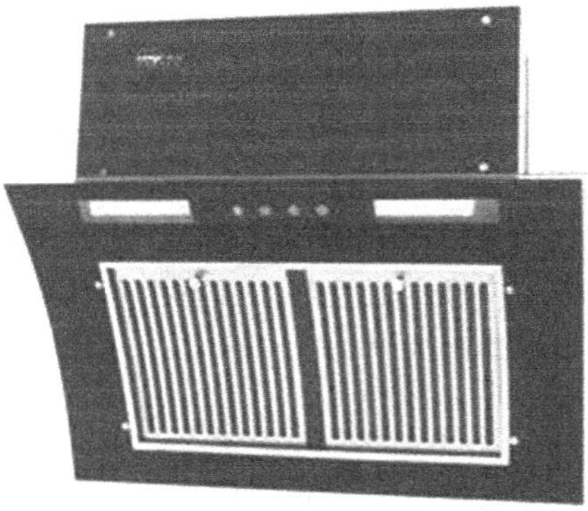

图 2–1–2　吸油烟机——薄型机的外形

薄型机因噪声大、风量小，同时腔体体积过小，没有足够的容量去容纳烟气混合物，在对这些有害气体进行处理的同时，油烟散溢，吸、排烟效果不是很好。初期使用此种机型较多，随着吸油烟机产业的不断发展，现在此机型国内已少见，基本被淘汰。

②深型机，因其噪声小、风量大、不易漏油等优势，近几年一直是国内消费的主流。如图 2–1–3 所示。

图 2–1–3　吸油烟机——深型机的外形

③欧式机，如图 2–1–4 所示。

图 2–1–4　吸油烟机——欧式机的外形

随着生活质量的提高，欧式机因其外形美观、时尚、华贵等特点，而深受一部分崇尚欧美格调的年轻人的喜爱。国内大多知名厂家设计、生产的欧式机，外观采用欧式造型，并结合中国人的烹调习惯，用渐渐成熟的深型机风机作为欧式机的机芯，中西结合，既漂亮、时尚、华贵，又吸力强。

(2)按操作开关的方式可分为：船形开关、轻触开关、琴键开关、红外线遥控开关。

(3)按风机运转方式可分为：轴流式风机、离心式风机。

国内早期的薄型吸油烟机大多采用轴流式风机。轴流式风机风量小、风压低、噪声大；离心式风机风量大、风压高、噪声低且易于油雾分离。目前国内深型机和欧式机各占相当比例，但欧式机正逐渐显示其巨大潜力。

做一做

结合书本和目前市场上的吸油烟机，列举吸油烟机的品牌。

三、吸油烟机的型号

根据 GB/T1773-2011《吸油烟机》，吸油烟机的产品型号主要分成 5 部分，如图 2-1-5 所示。

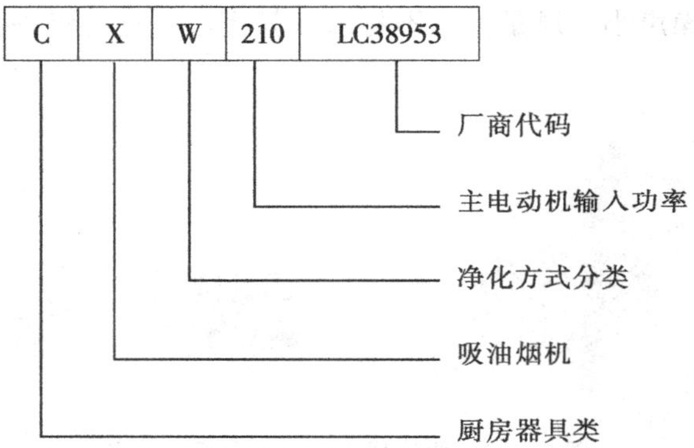

图 2-1-5 吸油烟机型号组成

部分标注说明见表 2-1-1。

表 2-1-1 净化方式分类及代号说明

净化方式	代码
外排式	W
循环式	X
两用式	L

四、任务评价表

评价项目	项目评价内容	配分(分)	评分标准	得分(分)
知识考核	掌握吸油烟机的内部构造	35	组成部分不全,每漏一处扣5分	
	识别吸油烟机的型号	15	型号、参数的含义,每错一处扣3分	
操作考核	吸油烟机的拆卸与装复	40	识别组成部件,每错一处扣5分 操作步骤错误,每错一处扣3分	
	安全生产	10	违反安全文明操作要求,每违反一次扣2~4分	
总分				

学生（签名）： 测评教师（签字）： 时间：

自我测试

（1）吸油烟机的用途有哪些？主要用在什么场合？

（2）吸油烟机由哪些部件组成，它们的作用是什么？

（3）吸油烟机按产品的外观可分为哪几种？

（4）一款吸油烟机的型号是CXW-200-5360，其各部分分别代表什么？

任务二 吸油烟机的工作原理、维护及维修

任务描述

本任务的目的是让学生了解吸油烟机的工作原理，掌握吸油烟机的维护以及对吸油烟机的维修处理。教学现场应提供吸油烟机一台。

任务实施

一、吸油烟机的工作原理

由于中国猛火爆炒的生活习惯，经过厨房烹饪后，往往会产生大量有害的油烟混合物，如果不及时排出，时间长了油污会凝结在厨房墙体和器具上，影响整体美观；同时，

油烟对人体产生了巨大的健康威胁。吸油烟机的出现，成功地实现了油烟的分离，净化了空气，使烟气排出室外，油污被油杯收集。生活中，吸油烟机的工作过程，如图 2-2-1 所示。

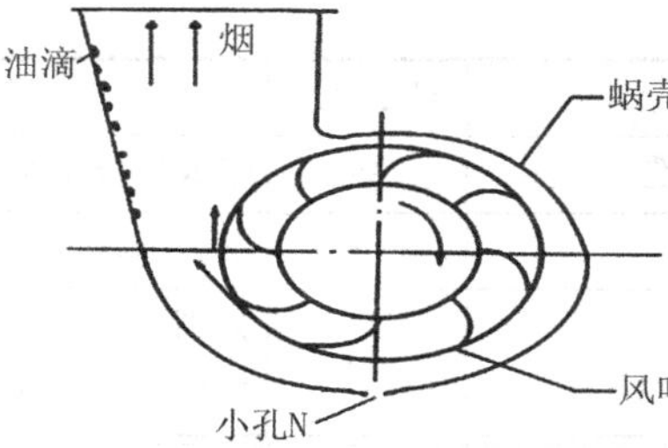

图 2-2-1　吸油烟机的工作过程

图 2-2-1 是一个离心式风机系统部件图，风叶在电动机运行时高速转动，油烟混合物在垂直于纸面的方向被吸入，并跟随风机在蜗壳内随风道做离心式运动，烟在风道口被排出；因油的质量重，打在蜗壳内部，从蜗壳最低点——小孔 N 流出，滴在滤网的中间位置至油杯，从而实现了油烟的顺利分离。

二、吸油烟机的维护

(1) 按说明书规定的方法清洗吸油烟机，否则有起火的危险。

(2) 要经常清除吸油烟机上的油污。擦拭吸油烟机时，务必拔掉电源插头，并戴上手套，以防不锈钢棱边划伤手指。

(3) 如果电源线损坏，须由专业服务人员更换或者到指定的维修点更换 。

(4) 严禁污物溅附于不锈钢表面，否则，将会产生永久性腐蚀。

(5) 房屋装修时，不宜将吸油烟机暴露在外，因为建筑材料、灰尘、油漆、涂料，以及它们所挥发的气体，会使不锈钢表面产生腐蚀和失去光泽，应装修后再挂上吸油烟机。

(6) 吸油烟机搬运应轻拿轻放，避免发生磕伤、碰伤、划伤等表面损伤。

(7) 清洗时，禁用硬物和钢丝球等伤害表面的器具。

(8) 清洗时，应选用不锈钢表面清洁剂或中性清洁剂，禁用含研磨剂的清洁剂，去污后用清水冲净清洁剂并擦干。

(9) 清洗内表面：建议每半个月用软布蘸清洁剂轻擦干净，清洗周期视使用情况可适当延长或缩短。如图 2-2-2 所示。

图 2-2-2　吸油烟机的日常清洁

(10) 清洗网罩：建议每一个月用软布蘸清洁剂轻擦干净，清洗周期视使用情况延长或缩短。如图 2-2-3 所示。

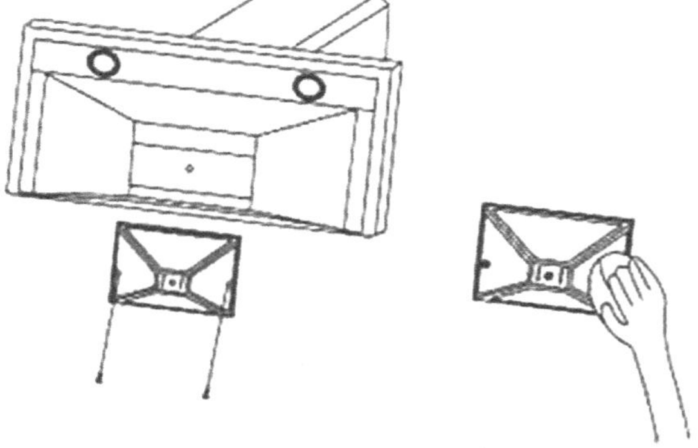

图 2-2-3　吸油烟机的日常清洁

做一做

给自己家里的吸油烟机做次清洁。

三、吸油烟机的常见故障及维修

1.吸油烟机的常见故障

用户在使用吸油烟机的时候，如果不按正确的方法进行操作，则会影响吸烟效果，有时也会影响吸油烟机的寿命。

吸油烟机安装的高度一定要适当，既要保证不碰头，又要保证机器的吸烟效果。

为了避免吸油烟机噪声或震动过大，滴油、漏油等情况的发生，应定时对吸油烟机进行清洗，以免电动机、涡轮及机器内表面粘的油污过多。

欧式吸油烟机在擦洗外表面时，忌用硬质擦布，因为这样极易造成划痕。尽量不要用有腐蚀性的清洁剂。在使用吸油烟机的时候，要保持厨房内的空气流通，这样能防止厨房内的空气形成负压。如果用户操作不当或不注意保养，同时伴着机器的老化，吸油烟机极易出现各种各样的故障，例如漏油、噪声大等常见问题。常见故障及出现故障的一般原因见表 2-2-1。

表 2-2-1　吸油烟机故障分析及维修

故障现象	产生原因	维修措施
灯不亮，电动机不转	插座没电	检查用户插座，确定电源正常
	接插件松动，电源线脱落	重新插紧各接插件
	元器件有虚焊	重新焊接元器件

续表

故障现象	产生原因	维修措施
灯亮,电动机不转	电动机的黑线插针脱落	插紧插针
	电动机对应的继电器损坏	更换继电器
	风量挡的轻触按键损坏	万用表测量后更换相应的轻触按键
	电动机或电容损坏	更换同型号的电动机或电容
噪声大	止回阀片或者百叶窗堵塞,出风管安装不当	整理出风管件,保持管道畅通
	长时间未清洗,叶轮积油严重	清洗叶轮和电动机
	锁紧螺母松动	拧紧锁紧螺母
	叶轮铆钉松动	加固铆钉或更换叶轮
	油孔堵塞,蜗壳内沉积大量油污	清洗蜗壳
	电动机轴承噪声大	更换电动机
	止回阀片高频振荡	调整出风管的角度或换上新的止回阀片
震动大	整机安装不稳	重新安装
	叶轮积油污过多,失去平衡	清洗叶轮
	叶轮重心偏移严重	更换叶轮
	蜗壳没有完全固定	固定蜗壳
不吸烟	电容损坏,电动机启动不了,风机转速慢或不运转	更换电容
	电容正常,电动机弱运转	更换电动机
吸力不强	安装高度太高	重新安装,降低高度
	出风管道不畅通	疏通出风管道
	使用空间太密闭	适当打开门窗,形成空气对流
	使用空间空气对流太大	调整合适的空气对流
漏电	用户插座接线错误	重新接好插座线
	插座没有地线	请专业人员安装地线
	电动机短路	更换电动机
	开关或灯座绝缘差	保证绝缘或更换零部件
	接插件由于积油太多,导致短路	更换相应线扎
	灯座或灯泡短路	更换灯座或灯泡
	开关短路	更换开关(主要为轻触开关)
漏油	长时间没有清洗	定期清洗,日常保养
	“安装三度”不正确	调整或重新安装(三度指高度、水平度、倾斜度)
	吸力不强	查明原因,进行维修

2.吸油烟机的维修实例

安装员上门安装一台吸油烟机时，装上机器后，准备通电试机，发现灯亮，但电动机不转。他打开吸油烟机，查不出毛病。后来维修工上门后，经检查是电动机的黑线（零线）没有插紧，使电动机内电路没有形成回路，无法工作。另一用户买了一台也是通电无反应，在确定开关及插座电源正常后，打开进风口导板，发现从变压器接出的接插件松动，插紧后故障排除。在实际维修工作中，对这些非常隐蔽的故障，不光动眼，还要勤于动手。因为有些故障看似正常，其实是接触不良，所以动手紧一紧，把每个接插件重新插一遍，在工作中很有必要。

3.分析总结

(1)电源线零线脱落。现象是机器不转，灯也不亮，用电笔测量却指示有电。

(2)电机黑线（零线）脱落。现象是电动机不转，灯能亮。

(3)开关接插件松动。现象是电源正常，但电动机不转、灯不亮。

(4)从变压器盒输出的接插件松动。现象是电路无反应。

以上这些情况主要出现在新机器上，是长途运输、搬运、震动等因素造成的。还有一些则是在清洗以后出现这种故障。

4.专题分析

(1)“油杯无油”现象的分析。

①如果吸油烟机安装在阳台的厨房间，出风管通道外面只有很短的一截，加上吸油烟机出风量大，经过叶轮，油还没有流下来，就被排到外面的空气当中，只留下很少一部分，所以使用很长时间油杯无油。

②油孔堵塞：因为蜗壳的漏油孔堵塞了，油自然流不到油杯里，而是沉积在蜗壳内，积多了会影响正常使用，应及时清洗和疏通。

③安装的倾斜度不够，使漏油孔处在高位，油无法漏出，只能沉积在蜗壳前端，油杯就无油。

④油质的原因：因为有些用户使用动物油，动物油的凝固点低，遇到天气冷的时候，凝固在风机里面了；有些用户使用的是色拉油，品质越好，黏度越大，如果菜做得少些，绝大多数是黏附在蜗壳上；再者是使用菜油，菜油是不易黏附的，但使用时间久了，蜗壳内壁会有一层油渣，易堵塞油孔。

(2)厨房结构对吸油烟效果的影响。

在实际维修当中，我们会碰到一些与吸油烟机质量无关的情况：吸油烟机正常，可吸烟效果不佳。排除用户本身对机子使用效果的期望值过高外，这种情况主要是由于厨房空间结构或机子安装位置的周围结构特殊等原因，影响了机子使用时正常的空气对流，从而影响了吸烟效果，根据实际经验，在以下使用现场容易出现这种现象。

①吸油烟机安装在狭长的封闭阳台的一端。

②厨房空间较小，门窗又紧闭，影响空气对流。机子周围外界空气对流过大，如机子一侧的门窗开着，风较大，影响吸油烟机正常的吸烟效果。

③产生啸叫，这种情况很少见。由于现在的家庭装潢很讲究，厨房空间的密封程度很高，又加上吸油烟机的功率增大，排风量大，空气对流也大。如果用户在做菜时关上厨房

的门，这样从门缝里流过的空气速度就快，有时候就产生“啸叫”。但由于不开吸油烟机没有这种声音，一开机就有，用户会认为是产品的质量问题引起的。

(3)外部原因引起的故障。

在实际维修工作中，会碰到开关烧坏、有感应电、漏电保护器起跳、表面掉漆、插头烧坏等故障，一般情况下这些故障是由一些外界因素引起的，如电压不稳、电流过大、用户使用或维护不当、用户自配外围配件质量差等，而非吸油烟机本身质量问题造成的。

①由于电压、电流过大造成吸油烟机的电容被击穿，轻触开关的继电器烧坏，变压器损坏。

②吸油烟机外观损坏，往往是在清洗时使用了大量的强腐蚀性的清洁剂，导致整体颜色变暗、无光泽和部分掉漆。

③产生感应电是因为插座没有良好地接地。

④因用户的插座功率不足，导致电源线插头发热烧坏；因频繁拔插，造成接触不良。

⑤因电压忽高忽低，引起漏电保护器经常起跳。

⑥因用户自配软管质量不好造成漏水事故等。

说一说

请简述你在使用吸油烟机的过程中常会遇到的问题，应该怎么解决呢？

四、任务考核评价表

评价项目	项目评价内容	配分(分)	评分标准	得分(分)
知识考核	吸油烟机的工作原理	30	吸油烟机的工作原理30分	
	吸油烟机的特点	20	每漏一处扣5分	
操作考核	正确地使用吸油烟机，以及进行简单的维修与维护	50	操作失误，每次扣5分	
总分				

学生（签名）：　　　　　测评教师（签字）：　　　　　时间：

自我测试

(1) 简述吸油烟机的工作原理。

(2) 在使用过程中，应该怎样对吸油烟机进行维护？

(3) 如果你在使用过程中触电，该故障应该是什么问题？

(4) 如果吸油烟机总是出现漏油现象，怎么去处理？

知识拓展

吸油烟机安装实例

吸油烟机的实际安装步骤如图 2-2-4 所示。

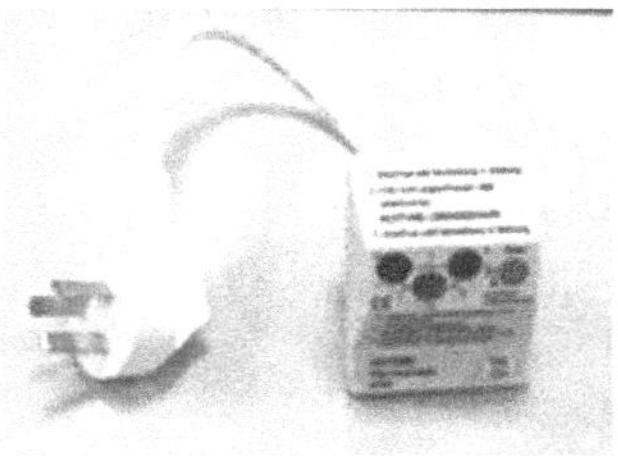

第一步，检查用户家电源

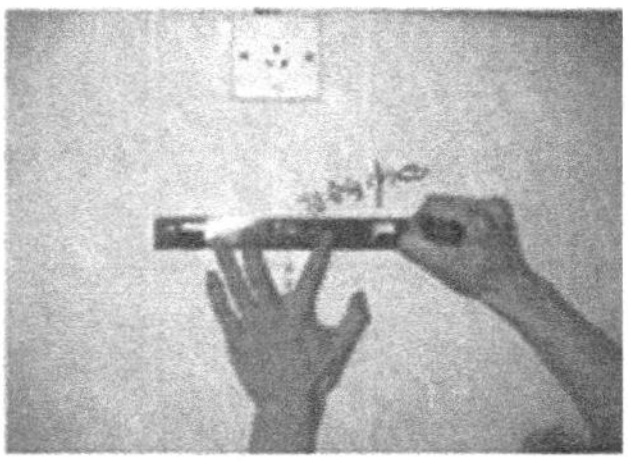

第二步，测量定位

第三步，打墙孔

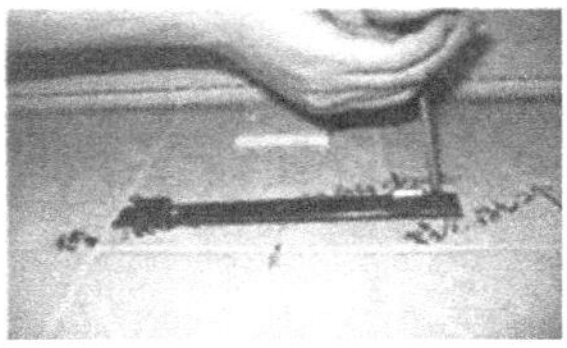

第四步，固定挂钩

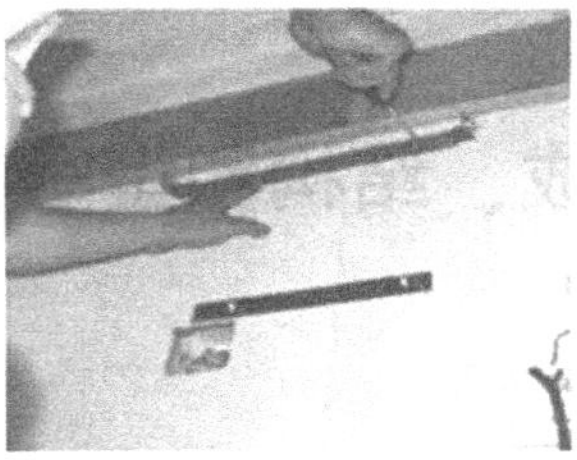

第五步，安装加长装饰罩支架

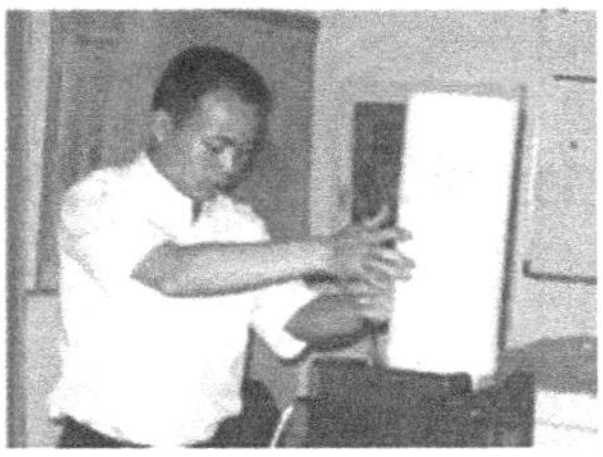

第六步，安装出风管

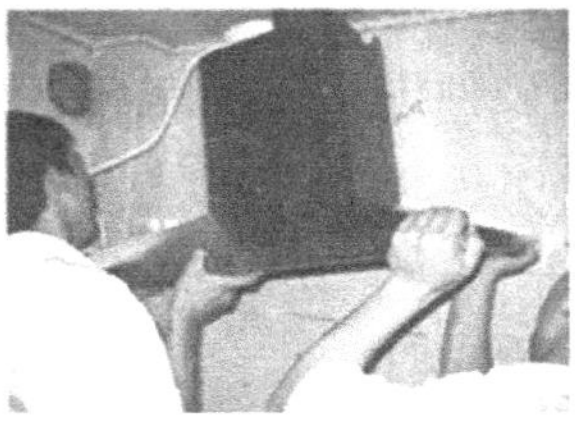

第七步，挂机

第八步，固定出风管

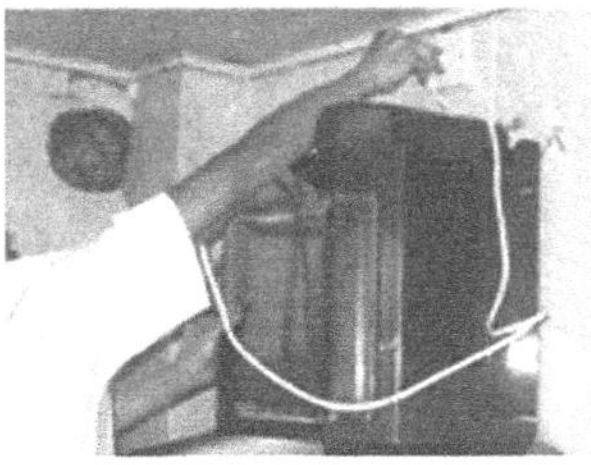

第九步，通电试机

第十步，安装加长装饰罩

第十一步，安装装饰罩

第十二步，清洁保养

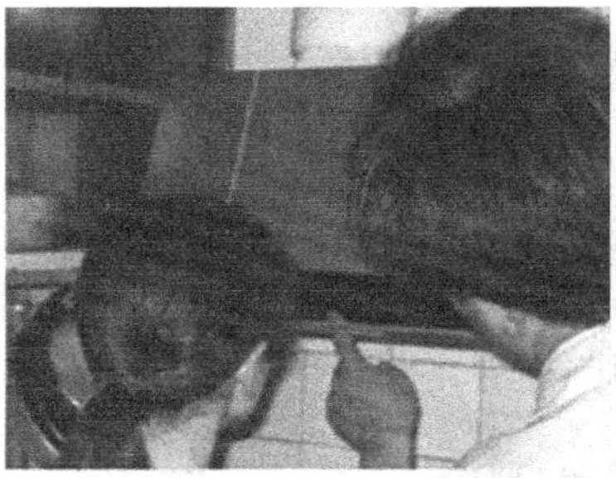

第十三步，讲解使用及保养方法

图 2-2-4　吸油烟机安装步骤

任务三　燃气灶的组成、结构和型号

任务描述

本任务主要了解燃气灶，并要求掌握燃气灶的硬件构成及其特点。教学现场应提供燃气灶整机一台。

任务实施

灶具是一种使燃气燃烧的装置，又称之为燃气燃烧器，家庭用的燃烧器几乎都是低压燃烧器，高压燃烧器在工业中使用。

一、燃气灶的组成和结构

1.燃气灶的结构

(1)产品视图，如图 2-3-1 所示。

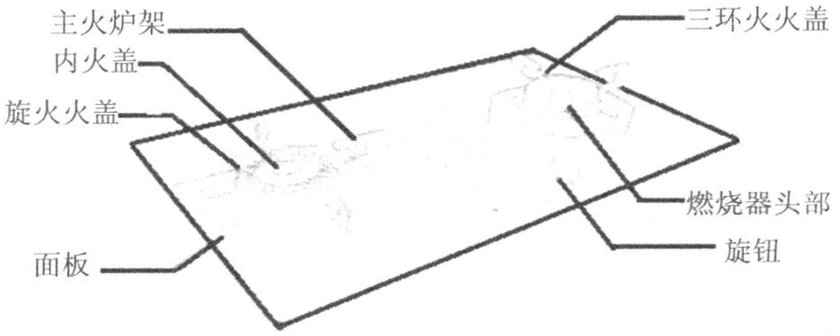

图 2-3-1　**燃气灶正面视图**

(2)内部结构。

灶具内部结构包括以下主要部件：面板、火盖、炉架、旋钮、底板、电池盒、电子脉冲器、点火针、热电偶、进气管、阀体、引射管、风门系统。如图 2-3-2 所示。

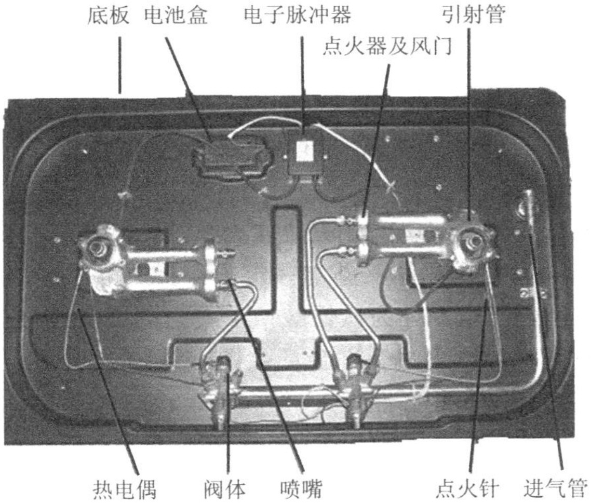

图 2-3-2　**灶具内部结构**

2.灶具元器件介绍

(1) 炉头结构，如图 2-3-3 所示。

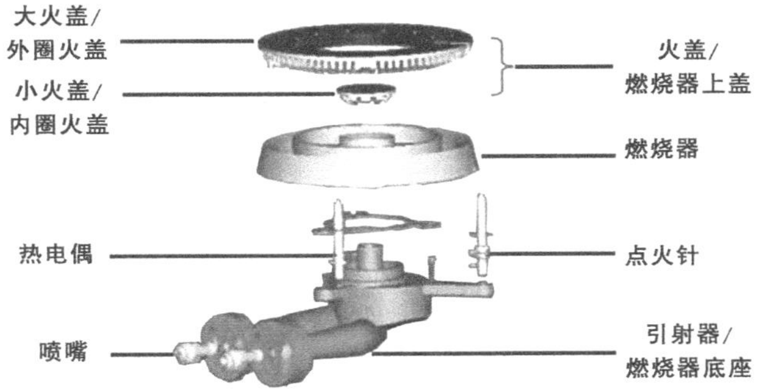

图 2-3-3　**燃气灶炉头结构**

①热电偶、点火针。

如图 2–3–4 所示，热电偶工作原理：通常依靠小火加热其顶端，而产生相对接地端的热电流让电磁阀保持吸合/打开状态。火焰异常熄灭后，由于热量下降，电流减小，约 15 秒后熄火保护阀自动关闭。

点火针工作原理：电子脉冲点火器利用电池能量，在点火针和火盖上距离最近点之间释放高压高频电火花，以此能量点燃燃气——空气的混合气体。

图 2–3–4　热电偶、点火针

目前燃气灶采用的点火器有压电陶瓷火花点火和电脉冲连续点火两种。

压电陶瓷点火器：一种特殊晶体，施加一定压力会放电，这种放电过程称为“压电”现象，压电陶瓷通常应用的压电晶体为钛锆酸铅系陶瓷，所以称为压电陶瓷点火器。如图 2–3–5 所示，工作时对其施加冲击力，即会产生 10~20 kV 高电压，然后通过导线使其在电极间产生火花而点燃燃气（如一次性打火机）。

图 2–3–5　压电陶瓷点火器

电脉冲连续点火器：点火器内设置电子线路，用交流电作为电源，经过振荡产生瞬时高电压，达到 14 kV 及其以上，当给二电极输入高压电后，不断放出电火花。如图 2–3–6 所示，在家用灶上往往使用干电池，干电池的直流电经电路半导体元件变换成交流电，并分两次升压，最终以 14 kV 以上高压输出，通过电极放电火花点燃燃气（如警棍）。

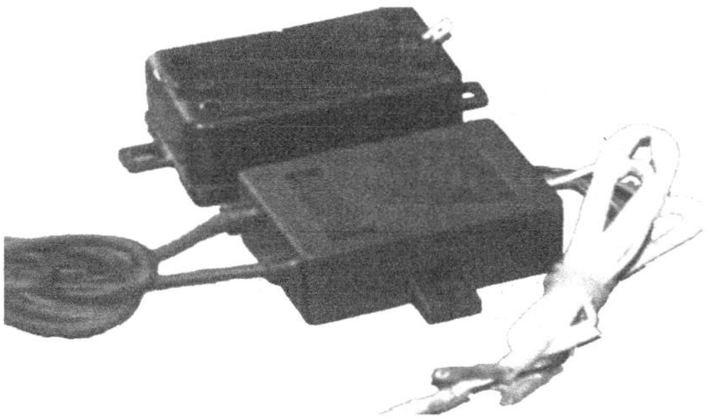

图 2-3-6　电脉冲连续点火器

②喷嘴。

喷嘴一般由黄铜制成，内部通孔有一个最小的直径处，此处起到限制燃气流量的作用，且不同孔径的喷嘴其外表面的平面上通常都刻有孔径数值，单位为 mm。如图 2-3-7 所示。

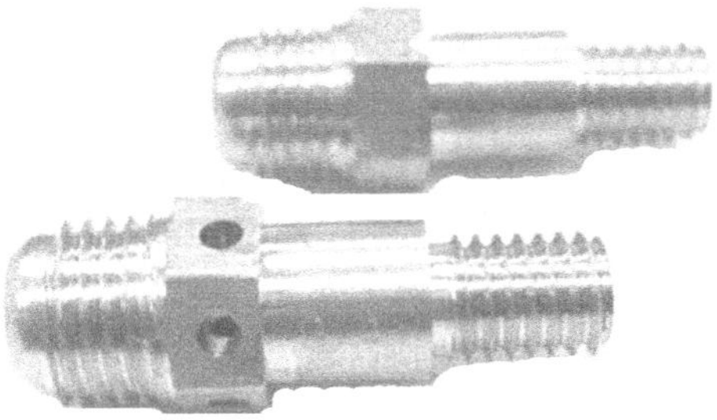

图 2-3-7　喷嘴

这样便实现了可视化，方便了各仓库备件管理和置换操作。由于现行条件下气种的复杂性，同一款外形的灶具喷嘴规格多的可达 20 余种，气源和喷嘴的匹配情况见表 2-3-1。

表 2-3-1　气源和喷嘴的匹配情况

灶头	燃气种类	工作压强 Pa	喷嘴直径 1/100 mm
双环	丁烷 G30	3000	96
	丙烷 G31	3700	96
	天然气 G20	1800	150
	管道煤 G110	1000	275
大	丁烷 G30	3000	85
	丙烷 G31	3700	85
	天然气 G20	1800	130
	管道煤 G110	1000	240

续表

灶头	燃气种类	工作压强 Pa	喷嘴直径 1/100 mm
中	丁烷 G30 丙烷 G31 天然气 G20 管道煤 G110	3000 3700 1800 1000	67 67 100 190
小	丁烷 G30 丙烷 G31 天然气 G20 管道煤 G110	3000 3700 1800 1000	48 48 75 125

③燃烧器及火盖。

火盖一般由黄铜热锻压而成。火孔形式由于烹饪和气种的适应性不同通常分为圆形、梯形和长条缝形火孔。表面也会由于处理工艺的不同，呈现黑色、黄色、亚光和镜面等效果。如图 2-3-8 所示。

图 2-3-8　燃烧器及火盖

④阀体，如图 2-3-9 所示。

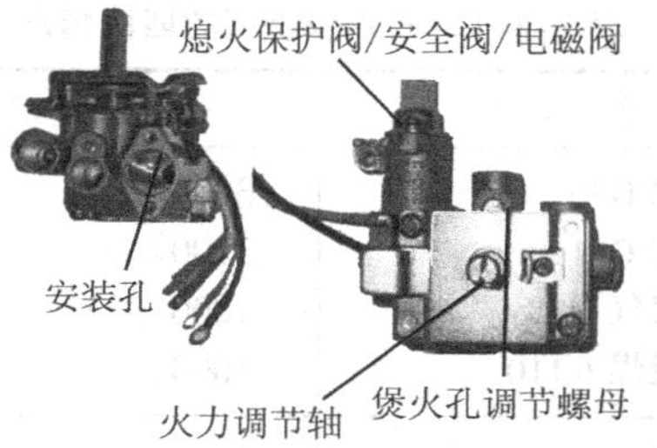

图 2-3-9　阀体

原理：通过火力调节轴，使内/外圈火力自由变动；安全阀可以防止意外熄火；气源置换时调节煲火孔螺母即可适应。

⑤引射管，如图 2-3-10 所示。

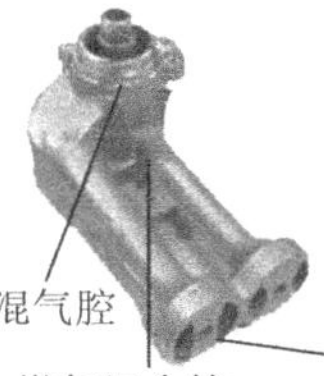

图 2-3-10　引射管

引射管原理：具有一定正压的燃气通过进气总管→燃气阀门→喷嘴，在此利用引射管口造成的负压抽入一定比例的空气，并在燃气混合管中将空气和燃气完全预混，然后从火盖的齿孔间将燃气压出。

⑥风门，如图 2-3-11 所示。

图 2-3-11　风门

风门原理：由于当地气源/气压变动，或由于整个地区的气源置换等原因，维修人员或用户可以缓慢地转动风门片，并同时目视火焰状态，要保证不出现黄焰、离焰、回火现象，且点火容易。总之，要保证火焰的稳定性。

旋钮式风门：旋钮式风门系统采用旋钮转动，联动风门动力片和连杆来旋转风门片，如图 2-3-12 所示。

图 2-3-12　旋钮式风门

拨杆式风门：拨杆式风门系统，在风门片上加手柄，用风门密封塑料和底壳密封垫片配合风门橡胶手柄密封底壳，如图 2-3-13 所示。调节风门时，直接拨动即可。

图 2-3-13　拨杆式风门

⑦面板，如图 2-3-14 所示。

图 2-3-14　面板

面板的材质：不锈钢镜面、钢化玻璃、微晶玻璃、陶瓷。

⑧炉架，如图 2-3-15 所示。

图 2-3-15　炉架

炉架的材质：线材、铸铁、铸铝。

做一做

观察实物燃气灶，结合图 2-3-1 找出燃气灶的组成器件及各部件的具体位置。

二、燃气灶的分类

(1) 按安装方式：可分为台式、嵌入式、落地式、组合式及其他形式。

(2) 按使用气种：可分为液化石油气灶、天然气灶和人工燃气灶。

(3) 按灶具头数：可分为单眼灶、双眼灶和多眼灶，如图 2-3-16 所示。

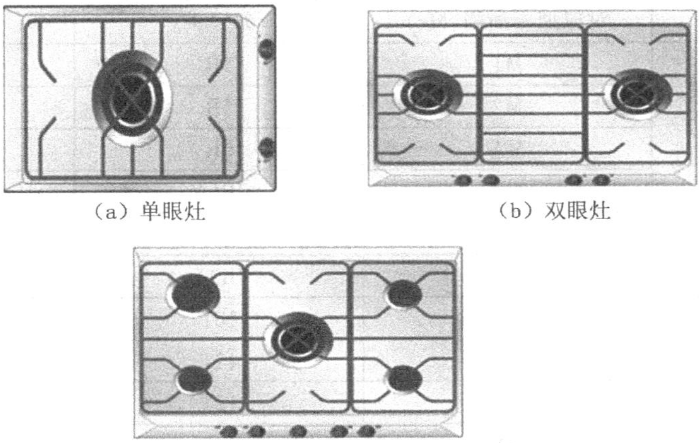

（a）单眼灶　（b）双眼灶　（c）多眼灶

图 2-3-16　常用燃气灶

(4) 按功能：可分为天然气灶、烤箱灶、烘烤灶、烘烤器、饭锅、气电两用灶等。

三、燃气灶的型号

1.燃气灶的命名标准

国家命名标准：一般的灶具都是以 JZ 开头的。其中 J 表示家用，Z 表示灶具类产品。在 JZ 之后，一般会标注（Y/T/R）的标志，其中 Y 代表液化石油气，T 代表天然气，R 代表人工燃气，不同的字母代表不同的使用范围，例如 T/R 就代表适用于天然气和人工燃气。如果在（Y/T/R）标识后面还有数字，则代表是几头灶，比如 2 就代表是 2 个灶头的燃气灶。

2.灶具的型号介绍（以 SIEMENS 为例）

SIEMENS 灶具 ER75K253MX 标准由 10 部分构成，各部分的含义如下。

(1)燃气灶的灶具安装方式，用字母表示：E 代表嵌入式灶具。

(2)燃气灶的能源种类：R 代表纯燃气，C 代表气电两用，I 代表纯电磁炉，T 代表纯电热炉。

(3)产品的宽度，用阿拉伯数字表示：7 代表产品的宽为 70~79 cm，2 代表产品的宽为 20~29 cm，6 代表产品的宽为 60~69 cm。

(4)5 为产品系列。

(5)K 为烟灶联动。

(6)2 为燃烧器及加热区的个数。

(7)5 为面板颜色或主材质：0~2 为不同颜色/备选，3 为钢化玻璃，4 为陶瓷面板，5为不锈钢，6 为微晶玻璃。

(8)3 为改进编号，结构或外形上的变更，如燃烧器、旋钮、点火方式等。

(9)M 为国家代码，指代中国。

(10)X 指代气源种类和地区信息，灶具和气源对应情况见表 2–3–2。

表 2–3–2　灶具、气源对应表

类　别	对应型号后缀(Mx)	分　类	备　注
人工燃气	M1	5R	
	M2	5R	上海专用
	MA	6R	
	ME	7RGZ	广州专用
	MF	7R	
	MG	7RTY	太原专用
天然气	ML	10T	
	MP	12T	
	MQ	12T	上海专用
液化石油气	MX	20Y	
	MY	20Y	上海专用

查一查

结合本节学习的内容，列举两个燃气灶的品牌，它们各有什么优势？

四、任务评价表

评价项目	项目评价内容	配分(分)	评分标准	得分(分)
知识考核	燃气灶的组成及作用	30	(1)组成部分不全，每漏一处扣 5 分 (2)作用回答不完整，每漏一处扣 3~5 分	
	燃气灶的种类及特点	20	燃气灶的种类，每漏一处扣 5 分	
操作考核	指出燃气灶各个部件，能够正确使用燃气灶	50	(1)识别燃气灶实物，每错一处扣 5 分 (2)操作步骤失误，每次扣 5 分	
总分				

学生（签名）：　　　　　　测评教师（签字）：　　　　　　时间：

自我测试

(1) 燃气灶的作用是什么？具有什么优势？

(2) 燃气灶主要由哪几部分组成？

(3) 燃气灶按照安装方式可以分为哪几种？

(4) 常用的灶具有哪些？

任务四　燃气灶的工作原理、维护及维修

任务描述

本任务主要是讲解燃气灶的工作原理，在使用过程中的注意事项，根据现象去判断故障问题，检查之后进行维修。

任务实施

一、燃气灶的工作原理

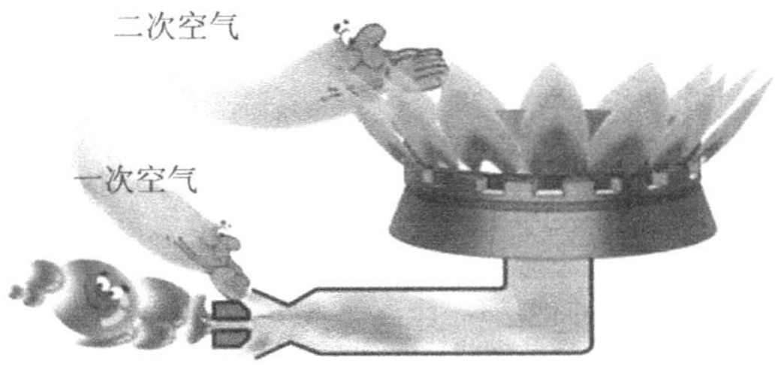

图 2-4-1　灶具工作原理示意图

1.燃烧原理

家用燃气灶的主火热负荷在 2.9~5.23 kW 之间。在火孔单位面积上单位时间内所发出的热量称为火孔热强度。由周围大气扩散到火焰上的空气称为二次空气。

燃烧机理：在燃气中预先混入部分空气，这种燃烧所产生的火焰为本生火焰。它是由内焰（内锥体）和外焰（外锥体）两个明显的燃烧区域以及外围肉眼看不见的高温区构成。由于一次空气量小于燃烧所需的空气量，因此在内焰蓝色锥体上，仅仅进行了一部分燃烧过程。所得的中间产物穿过内锥焰面，在其外部按扩散方式与空气混合而燃烧，从而形成外焰。内锥火焰属于动力燃烧，外锥火焰属于扩散燃烧。

2.脉冲式点火，如图 2-4-2 所示

脉冲放电是把电池的直流电或稳压器输出的直流电通过脉冲变压器产生高压火花。

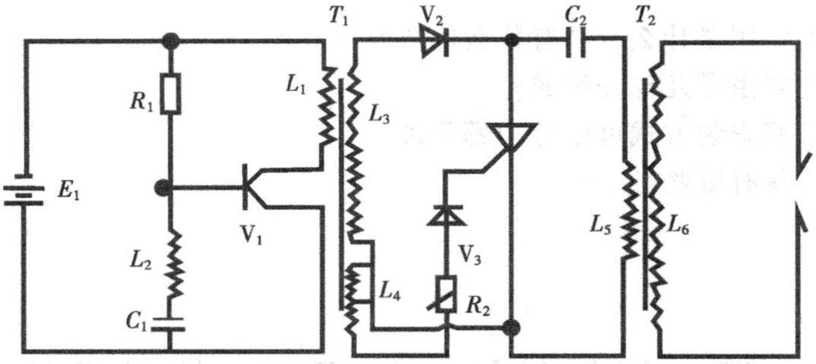

图 2-4-2　脉冲式点火电路图

脉冲点火失灵的原因如下：电池没电；脉冲电路故障（烧毁、击穿）；放电间距不合适；线路断开或者短路；小火燃气系统堵塞。

3.压电式点火，如图 2-4-3 所示

燃气用具上应用的压电晶体通常是钛锆酸铅系陶瓷，当对其施加冲击力时，它会产生 10~20 kV 的高压电。

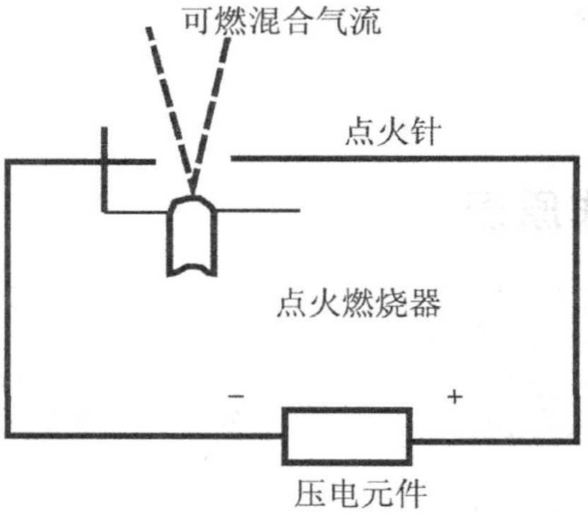

图 2-4-3　压电式点火原理图

压电点火失灵的原因：放电电极与其对应的电极间距过大；输电线路断开，如导线和放电电极针脱开；输电线路短路，如果输电导线的绝缘材料的绝缘性能差，就会在导电中途放电，造成失灵；如果撞块不能产生撞击，就不能产生高压；小火燃烧器前的燃气通路堵塞。

4.热电偶点火，如图 2-4-4 所示

热电偶和电磁阀是结合使用的。刚点燃灶具时，热电偶的温度不可能在瞬间升得很高，产生的电动势还不够大，不能保持电磁阀处于吸合状态，需要操作者点火时按下开关，不得立即松手，保持几秒钟，待热电偶的温度升高到约 600℃，能产生 10 mV 左右的电动势，电磁阀才能吸合，此时间为开阀时间。反之，当火熄灭后，电磁阀不会立即关闭，在一段时间之后才能关闭，也要持续几十秒钟，此时间为闭阀时间。

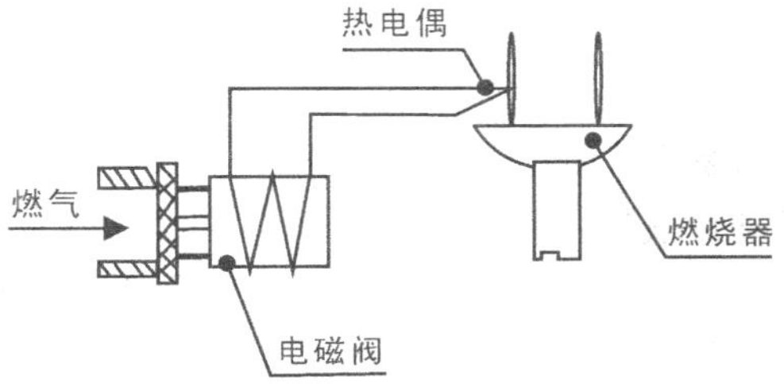

图 2-4-4 热电偶点火原理图

5.熄火保护，如图 2-4-5 所示

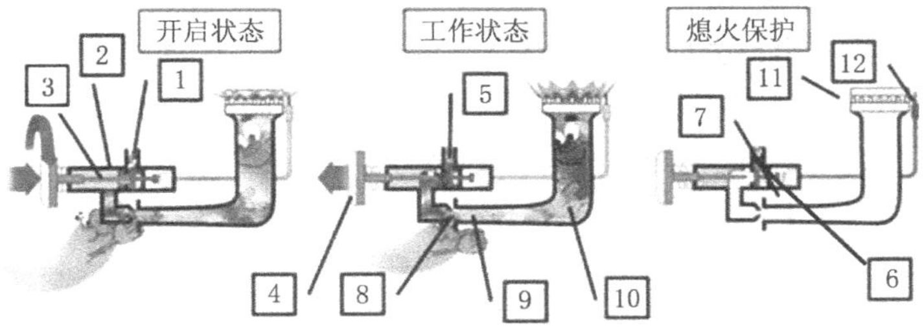

图 2-4-5 熄火保护

1.燃气进口 2.阀体 3.旋钮推杆 4.旋钮 5.电磁阀密封垫 6.电磁阀衔铁 7.电磁阀线圈 8.喷嘴 9.引射管 10.混合管 11.火盖 12.热电偶

(1)开启状态。

当灶具处于关闭状态时，由于弹簧的压力，密封垫封住气阀的进口，将燃气阻挡在气阀的外面。手动旋钮被压下后，密封垫被旋钮推杆打开，燃气进入阀体，并流向燃烧器，同时点火针放电。按下开关不松手，转动旋钮，保持 3 秒钟，点火针点燃燃气。

(2)工作状态。

由于热电偶温度上升产生电势差，电池阀产生的吸合力大于弹簧的压力，松手后电池阀也不会关闭。

(3)熄火保护。

如果火焰意外熄灭，热电偶温度下降，电势差消失，电磁阀没有吸合力，由于弹簧压力，密封垫封住气阀的进口，切断燃气通路。

做一做

请简述燃气灶的工作原理。

二、燃气灶的安装

1.开箱验机

安装前应开箱验机，确认机器外观完好，无磨损、无损伤，并确认所使用的燃气种类是否与灶具相符。

2.燃气管路连接

注意：在连接燃气管路前必须把气源总闸关掉，严禁带气作业。

(1) 连接橡胶软管必须是厂家提供的专用管。

(2) 用电工刀对管子进行裁切，管子切口应平。

(3) 拆下进气管的万向接头，将接头根部插入软管直至红色标记处，用厂家专用的卡箍卡好，并用螺丝刀拧紧卡箍。(注意：不要为求方便将软管放入水中加热或在转换接头上涂抹润滑剂。)

(4) 将万向接头螺帽接到进气口上，并用活动扳手紧固。(注意检查螺帽内有没有密封垫，密封垫都是机器自身配备的。以防万一，要求技术员在上门维修时，携带一两个密封垫作为备用。)

(5) 拧紧后的接头出口方向须同管路过来的方向一致，严禁将胶管扭曲、折弯。

(6) 根据调压阀与灶具进气口距离裁取管子，管长一般比实际距离多 15~20 cm。(不要留太长的管线，长管更容易存在安全隐患。)

(7) 将软管与钢瓶上的调压阀连接，并用卡箍卡好。如果没有调压阀，我们可以配备调压阀。

(8) 将灶具放入台面时，不要挤压进气管，最后再次检查进气软管有无扭曲、折弯。

(9) 请勿让燃气软管处于高温区域或与灶具的任何高温部分相接触。建议用户对使用的燃气灶每 1 年左右进行一次定期气密性检查，或更换燃气软管。

(10) 连接完毕后，用肥皂水涂抹连接处，仔细检查各个连接部位是否有漏气现象。

3.部件安装

撕掉面板上的保护膜，并依次把电池、燃烧器、火盖、炉架、旋钮装在灶具上。确认一切安装完毕后，把弹片逐一装在底盘上。(注意弹片安装方向，开口向上。)

(1) 安装电池。

电池盒盖位于产品底壳前侧的右下方，请将随机附带的 1 节一号电池按照正负极指示正确地装入盒内。为了保证点火系统长久有效，请使用高能量碱性电池。

(2) 安装炉架、火盖、燃烧器。

安装炉架、燃烧器时应注意将炉架、燃烧器底部凸起处对准面板上用于固定的拉伸槽孔。如果任意放置、转动，可能会划伤面板。

(3) 安装弹片。

把灶具下压，使灶具刚好固定在台面和弹片之间。

4.通气检漏

(1) 通气。

确认各安装步骤实现后，关闭灶具阀门，打开气源总阀门和灶前阀门，如果听到“嗞嗞嗞”的声音并明显可以闻到燃气的味道，马上关闭气源总阀门。检查漏点，重新安装。

(2) 检漏。

检漏在灶具安装过程中是一项非常重要的工作，丝毫的马虎、粗心都有可能带来巨大的人身损伤和财产损失。所以每次在完成管路连接、灶具的各个部件安装完毕以后，都要对接口处进行检漏。移装灶具后，也必须进行检漏工作。

民用灶具的检漏通常用清洁剂兑水来实现，一般情况下，2 g 的清洁剂兑 200 mL 的清水，用力摇匀即可，这时可以产生较多的泡沫。我们也可以用洗衣粉、洗手液与水勾兑进行替代（用热水或温水尤佳）。

检漏的操作步骤：

①确认各接头均已拧紧后，关闭灶前阀门，打开总阀门。用皂液检漏法对每一个接口处进行检查。

②如果确认接口处没有泄漏，打开灶前阀门，用同样的方法检验阀门和软管、软管和灶具之间的连接是否紧密牢固。

③如果有泄漏发生，必须关闭气源总阀，然后对发生泄漏的接口处进行重新连接，并再次检漏，直到无泄漏产生为止。

注意：若发现有泄漏情况，不要点明火和打开电器开关，并开窗通风。检漏时用毛巾蘸上肥皂液，涂在安装附件的各接口处。如果肥皂液迅速膨胀成气泡，表示该接口处有泄漏。

当接口处有轻微泄漏时，肥皂泡就成细密的泡沫堆，称为“蟹泡”。

注意：出现以上这两种泄漏情况时，必须对管子进行重新连接。

5.调节风门

为了使燃烧处于最佳状态，根据火焰的状态适当地调节位于产品壳底的风门手柄，直到火焰呈蓝色。

如果您使用的是人工燃气，在使用中出现如下现象时，请按表 2–4–1 中的处理方法进行调节。

表 2–4–1　人工燃气灶具的异常现象和处理方法

异常现象	处理方法
(1)多次开关燃气产生回火 (2)噪声	调小风门
从最大火调节至最小火(外环火盖无火，内环火盖小火时，内火焰出现熄灭情况)	调小内环风门
火焰根部出现脱离火孔外燃烧的现象，或者火焰的内焰部分有黄色或橙色焰尖	适当调节风门

6.点火调试

（1）火力调整。

调节火力旋钮，从 90°位置逆时针旋到 230°煲火点位置，能够看到火力的均匀变化。

在旋钮位于关闭的位置（0°）时将其压下，并同时逆时针转动到点火位置（30~40°）。内环小火立刻点燃，此时，外环火并不点燃。请下压旋钮并保持 3~5 秒再松手。如果松手后火焰熄灭，请重复上述点火动作。

设计 40°点火位是为了防止点火瞬间，燃气突然释放，造成点火爆燃。尤其是对于人工燃气。

炉头正常点燃后，先放开旋钮，然后逆时针将旋钮转到最大火的位置（90°），火焰将迅速从内环传递到外环。将旋钮从最大火位置（90°）逆时针旋转到170°左右的过程中，内环小火不变，外环火从最大逐渐减小为零。

将旋钮170°逆时针旋转到底（230°）的过程中，内环小火逐渐减少至最小。

(2) 火焰稳定性。

火焰燃烧稳定，无爆炸、爆燃声，无离焰，无回火、脱火现象。

离焰：火焰脱离火孔，跑到火孔以外进行燃烧的现象。

回火：火焰缩到燃烧器内燃烧的现象叫回火，往往发出“呼呼”的燃烧声。

当出现离焰、回火现象，应首先调整风门。出现离焰时，应减少风门开度。回火时加大和减小风门开度都要尝试（因为一次空气过多和过少都可能导致回火）。

(3) 火焰燃烧充分性。

火焰燃烧不充分则会产生黄焰。

黄焰：这是燃烧不完全的表现，通常为空气不足所引起。火焰发黄，火力变弱，调整风门可以消除黄焰。对于钢瓶底的液化石油气，出现黄焰，是气源的问题，并非灶具的问题。

液化石油气的主要成分为50%C_3H_8（丙烷）+50%C_4H_{10}（丁烷）。丙烷较丁烷质轻，首先挥发在瓶子的上部。那么瓶底液化石油气的主要成分就是丁烷，丁烷的碳含量比较大，所以需要的空气量也越多，当提供不了那么大的空气量时，黄焰则随之发生了。建议用户不要使用瓶底气。

关火：关闭火力旋钮，熄火时应无回火、熄火、噪声过大等现象。若熄火时有很大声音，我们可用分贝仪为其测量。国标规定熄火噪声在85 dB以下。

7.使用方法及注意事项

(1) 把旋钮旋到30°时下压，点火后手不能立即拿开，一般几秒钟后火焰稳定即可抬手。

(2) 平底锅一般选用直火火盖，尖底锅一般选用旋火火盖。用户可以根据习惯将左右两个火盖互换。

(3) 在灶具不使用时，应把气源关闭，密闭的橱柜也应定期开启通风。

做一做

(1) 在安装过程中，我们应特别注意什么？

(2) 如何使用燃气灶？

三、燃气灶的维护

燃气灶清洁

(1) 清洁燃气灶前，必须切断室内燃气阀门，且燃气灶已经冷却。清洁过程中，请勿拆开燃气灶的安全装置和气密性部件。

(2) 清洁燃气灶的炉架。请用柔软的纱布和清洁剂热水溶液清洁。请勿用酸性物质（柠檬水、醋等）来擦洗搪瓷表面。

(3) 清洁燃气灶的燃烧器。请用柔软的毛刷清除燃烧器底座表面、点火电极和热电偶表面的污物。请勿用颗粒状清洁剂（去污粉）、尖锐的物体、钢丝绒或刀子等清除燃烧器上残留的顽固污渍。否则的话，可能会导致燃气灶的安全装置发生故障或部件的表面受到磨损，从而直接影响了产品的使用寿命。

(4) 清洁燃气灶的面板。请用柔软的纱布和肥皂水（或者专用清洁剂）来清洗、保养灶具面板。如果要去除不锈钢表面残留的指纹，请使用3M清洁剂，请勿用颗粒状清洁剂（去污粉）或钢丝绒清洁面板，这样会导致灶具的表面产生划痕。

(5) 清洁燃气灶的火盖。在使用过程中，如果发现火焰参差不齐或个别火孔无火焰时，待火盖冷却后，请及时取下火盖，用薄铁片和钢针（建议使用针灸针）清除火孔内的污物和积碳。请勿用水直接冲洗火盖（因为水泡会暂时堵塞火孔），也不要用较硬的物体擦拭燃烧器表面水性无机耐温涂层，这样会给其黑色表面造成无法修复的损坏。

(6) 清洁完毕后，请按照正确的方法将炉架、燃烧器及火盖安装好。以免错误安装而造成不锈钢表面无法修复的划伤。

四、燃气灶的常见故障及维修，见表2-4-1

表2-4-1 燃气灶的常见故障及维修方法

故障	现象	原因	维修方法
漏气	灶前开关接头或灶具接头处漏气	软管与灶前开关及灶具接头处不严密	检查其紧密度，用管夹扣紧
	灶具输气软管与开关接头处漏气	灶具输气软管与打火开关接触不严密	紧固两个螺丝，检查密封圈是否反装或损坏，应改正或更换
	输气软管漏气	输气软管破损	更换软管
	接通气源后，在开关处于关闭状态时，阀体各空隙处、各喷嘴处漏气	打火开关阀芯与阀体装配不严紧，维修后阀芯与阀体装配时装反方向	检查阀芯是否磨损，清除脏物，添加专用油或更换配件；正确做好阀芯与阀体的装配。
	灶具开启后引火嘴漏气	阀针自封失灵	排除阀针脏物，更换胶圈或弹簧

续表

故障	现象	原因	维修方法
漏气	各工艺螺丝或喷嘴处漏气	各工艺孔封闭螺丝及喷嘴密封不严紧	稍稍放松螺丝
	喷嘴侧空气孔处有火	喷嘴孔内有污物	排除污物
	正常燃烧后引火嘴不灭	阀芯自封不灵	排除阀芯脏物，更换胶圈或弹簧
	激发时引火支架火焰呈黄色且分散于引火支架横边气孔	引火支架通道内有堵塞物或位置不正确	清除引火支架通道的堵塞物，调整引火支架位置使燃气喷射集中
	安全装置漏气	螺丝没拧紧	重新安装
		密封套密封不良，脱落	拆除装置，调整后重新安装
		复位弹簧性能不良	更换复位弹簧
		通道被堵塞	清理通道脏物
回火	火焰跳跃、高低不定，有“咕噜”响声，混合气管进风口处有火焰	喷嘴孔内有脏物	用钢丝捅或拆喷嘴清除污物
		胶管内有空气	先用燃气赶走空气 1~2 次，再点
		开关开得太慢	迅速开启开关，使可燃气体经引射管进入燃烧器，避免该气源被引射前发生回火
		胶管受挤压	消除挤压现象
		气源输出压力太低	有条件者调整气源为规定压力
		燃气质量不好，热值低	有条件者更换气源
小火	火焰高度比正常燃烧时低，且软弱无力	喷嘴孔内有脏物	用钢丝捅或拆喷嘴清除脏物
		胶管受挤压	消除挤压现象
	火焰小，软弱无力或无火	密封圈松脱	拆除后重新安装
		安全装置内通道过窄或被堵塞	清理通道脏物
脱火	正常燃烧后，燃烧器有 1/3 或以上的火焰脱离火孔	燃烧器风门开得太大	调整风门大小
		火盖的部分火孔堵塞	清除火孔脏物
		环境风力过大	控制到合适的环境风量
		气源适配性不好	情况严重，需要重新配备喷嘴及燃烧器
开关失灵	开关旋钮扭不动或自锁失灵（不用往里推便可开启）	打火器阀芯失油造成卡紧	添加专用润滑油
		转轴弯曲变形而造成卡紧	更换转轴或更换阀体组件
		拨块、撞块磨损或拨块轴向位移造成卡死	锉修撞块磨损处，更换拨块或两者位置
		撞块与触发弹簧角度变化而造成卡死	调整，钳修触发弹簧角度
		限位块放反位置或断裂而造成自锁失灵	纠正限位块的位置，或更换限位块

续表

故障	现象	原因	维修方法
导线烧坏	压电陶瓷胶导线的橡胶剥离或烧坏而露出铜导线	使用时间长，导线受热老化	截断后再插上或更换压电陶瓷
		因开关漏火而烧坏	更换导线
打火不灵	着火率低或完全打不着火	放电端点与支架极板位置不恰当	调整到合适位置(5 mm)，使之火光蓝而强壮
		引火支架通道偏，引火角度不恰当	调整引火支架通道、引火角度，使之易着火
		引火支架内通道堵塞	清除通道堵塞物
		橡胶导线与陶瓷体接触不良	调整至接触良好
		支架极板及陶瓷体有油污	清除脏物，提高放电效率
		压电陶瓷损坏	更换压电陶瓷
		维修后打火器阀芯与阀体位置放反	拆阀芯检查并更正位置
		维修后双环炉头左右喷嘴错装	更正喷嘴左右位置
		触发弹簧失去弹性	更换触发弹簧
		引火支架通道太窄，出口太小，使气流速度偏大，而使电火花引不着火	扩宽通道，降低气流速度
		电池装反或电池没电	正确装上电池或更换电池
熄火	打开火后，松开旋钮炉火即熄灭	推压不到位，热敏元件未进入吸合状态	推压到位，持续压住 30 s 左右
		磁铁没磁，不能正常吸合	更换安全阀组件
黄焰	有黄焰且把锅底烧黑	燃烧器风门开得太小	开大风门至恰当
		环境污染(灰尘，烟煤气)	排除污染
		环境风量过小	控制环境风量至恰当
		喷嘴及炉头内有脏物	用钢针排除喷嘴孔及炉头内脏物
		燃烧器放偏	摆正燃烧器
		维修后喷嘴孔径过大	更换喷嘴
		气源质量不好	有条件者更换气源
		支架太低或锅压得太低，影响二次空气的补充	更换支架或锅，使其离火焰有合理高度
		喷嘴歪或燃烧器的引射管设计不合理	调整喷嘴，更换引射管或调整引射管与喷嘴的位置
活动不灵	点火后，安全装置不能进入保护状态	热敏元件位置不当	重新调整热敏元件位置
		热敏元件质量不好	更换热敏元件

做一做

请把家里的燃气灶彻底清洗一遍。

五、任务评价表

评价项目	项目评价内容	配分(分)	评分标准	得分(分)
知识考核	燃气灶的工作原理	30	燃气灶的工作原理 30分	
操作考核	能够正确维护燃气灶,以及会处理一些简单的故障	70	(1)维护燃气灶,每错一处扣5分 (2)操作步骤失误,每次扣5分	
总分				

学生(签名): 测评教师(签字): 时间:

自我测试

(1) 燃气灶的作用是什么?

(2) 安装燃气灶应该注意什么?

(3) 如果你在使用燃气灶的时候,发现家里有天然气泄漏,你可以通过哪些方法检测泄漏的具体位置?

(4) 目前市场上的燃气灶有哪些牌子?区别在哪里呢?

知识拓展

煤气中毒救护

天然气和液化石油气在通风不良环境中不完全燃烧会产生一氧化碳。当一氧化碳与人体内的血红蛋白结合后,形成碳氧血红蛋白,使血液失去输氧能力,导致人体器官和组织受到伤害。

煤气中毒一般分为轻度、中度、重度三种。轻度中毒仅表现为头痛眩晕、恶心呕吐、四肢无力或有短暂的昏厥。中度中毒除上述症状加重外还有昏迷或虚脱症状出现。重度中毒表现为持续昏迷、面色苍白或发紫、高烧、抽搐等症状。

对于轻度中毒病人,只要打开门窗通风并让病人到室外吸入新鲜空气,症状会自行消失。对于中度或重度中毒病人,必须立即送往医院救治。当发现有人煤气中毒后,在医护人员到来之前或护送病人到医院之前应采取下列措施。

(1) 迅速把中毒者救出,放在空气流通的地方。情况严重者应及时拨打120急救电话或送医院急救。

(2) 解除中毒者的呼吸障碍,如敞开领子、清除口中的异物等,保证呼吸流畅。

(3) 当中毒者处于昏迷状态时，可使其闻氨水，喝浓茶、汽水或咖啡等，不能让其入睡。如果中毒者身体发冷，则要用热水袋或摩擦的方法为其保暖。

(4) 中毒者失去知觉时，除采取上述措施外，应将中毒者放在平坦地方，用纱布擦拭口腔，在必要时进行人工呼吸，直至送入医院。

任务五　热水器的组成、结构和型号

任务描述

本任务主要了解热水器的相关常识，要求掌握热水器的分类及特点。教学现场应提供一台电热水器、燃气热水器、太阳能热水器。

任务实施

一、热水器的用途

热水器可以提供洗涤用热水和淋浴用热水。一般的家用热水器不能提供 100℃的沸水，所以不能将家用热水器当作开水器使用，其产出的热水不适于饮用。

二、家庭适用水温

家庭常用热水的水温：厨房洗刷水 40~50℃，洗碗机用水 60~70℃，淋浴水 40~50℃，洗脸用水 40℃，洗衣用水 30~35℃。

三、热水器的分类

(1) 按热源分：电热水器、燃气热水器、太阳能热水器。
(2) 按用途分：旅馆用热水器、公共福利设施用热水器、家用热水器。

四、常见家用热水器介绍

1.电热水器，如图 2–5–1 所示

图 2-5-1　电热水器

(1) 功能：通过加热元件将电能转化为热能，传递给水，即水被加热。

(2) 优点：热效率高、无环境污染、安装方便。

(3) 电热水器分类。

①按出水方式分：即热式电热水器、贮水式电热水器。

②按水流的方式分：前制式电热水器、后制式电热水器。

③按控制方式分：机械式电热水器、电脑式电热水器。

④按安装方式分：立式电热水器、横式电热水器。

(4) 贮水式电热水器的分类。

①贮水式电热水器根据密闭性可以分为密闭贮水式电热水器和敞开贮水式电热水器。

密闭贮水式电热水器：能承受一定的压力，在使用前需提前进行加热，被加热的水可以在内锅内贮存，可多路出水。

敞开贮水式电热水器：不能承受压力，只能一路出水。

②贮水式电热水器根据结构可以分为横式电热水器和立式电热水器。

(5) 贮水式电热水器的组成及结构，如图 2-5-2 所示。

贮水式电热水器配有一个贮水箱，通电后水箱内的加热元件开始工作，一段时间后，水温升高，即可使用。贮水式电热水器装有控制或限制水温的装置，并具备一定的保温功能，能有效地减少热损失。

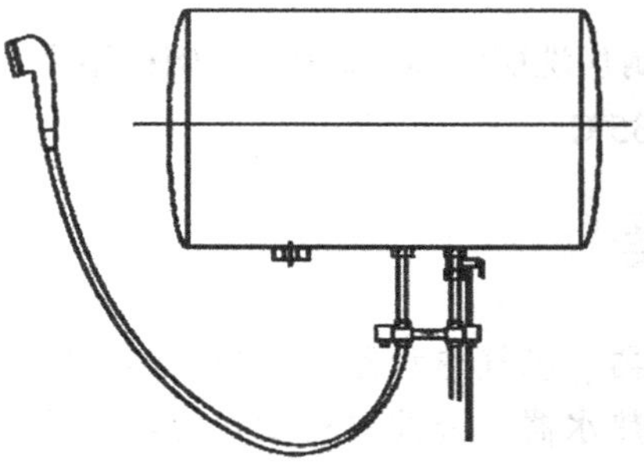

图 2-5-2　贮水式电热水器的组成及结构

①横式电热水器结构，如图 2-5-3 所示。

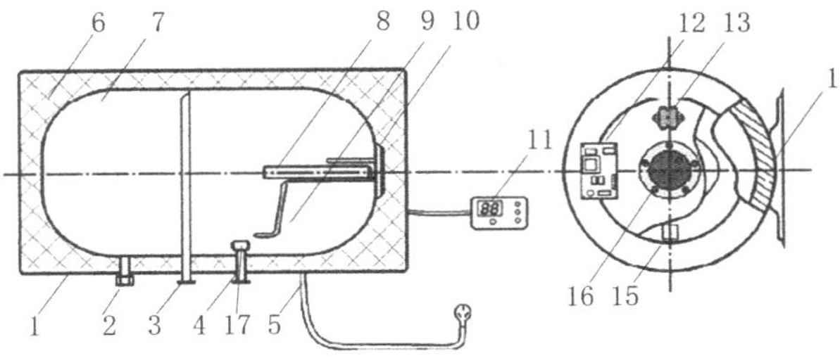

1.外壳 2.排污阀 3.出水管 4.进水管 5.电源线 6.保温层 7.内锅 8.镁棒 9.加热管 10.温度传感器 11.控制器 12.强电板 13.高温极限 14.挂架 15.线控孔 16.法兰 17.泄压阀

图 2-5-3 横式电热水器结构

②立式电热水器结构，如图 2-5-4 所示。

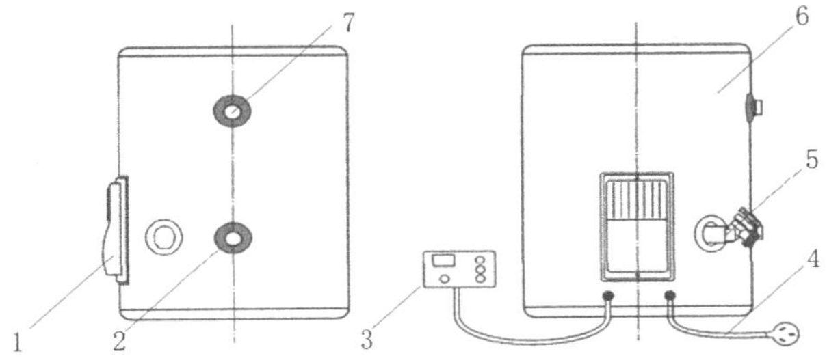

1.盖板 2.进水口 3.控制器 4.电源线 5.排污阀 6.箱体 7.出水口

图 2-5-4 立式电热水器结构

③主要部件。

A.外壳——热水器的外衣。

通过喷涂，使外壳浑然一体，表面光滑，给人以美的享受。

B.内锅（贮水箱）——热水器的核心部件，如图 2-5-5 所示。

电热水器的寿命取决于内锅的质量。内锅一旦损坏，是无法进行维修的。

图 2-5-5 热水器的内锅（贮水箱）

内锅按材质可分为不锈钢内锅、热镀锌内锅和搪瓷内锅。

不锈钢内锅：材质好，不易生锈，但经过多次热胀冷缩后，不锈钢中的铬离子会被自来水中的氯离子腐蚀，造成漏水。

热镀锌内锅：内锅成型后热镀锌，锌合金表面再覆防锈树脂，这样的内锅一般是普通碳素钢材质，壁较薄，耐压能力不强。

搪瓷内锅：内锅表面涂层为搪瓷材质，将搪瓷喷涂在内壁，经 820~870℃高温烘烤，使其与钢板充分融合渗透并紧密地结合在一起，不易断裂和脱落。搪瓷非金属材料，不易生锈，耐压能力较好，但随着使用时间的延长，有可能因水中的酸根离子对其腐蚀而造成内锅渗漏。

C.加热管——电热水器工作的核心动力，如图 2–5–6 所示。

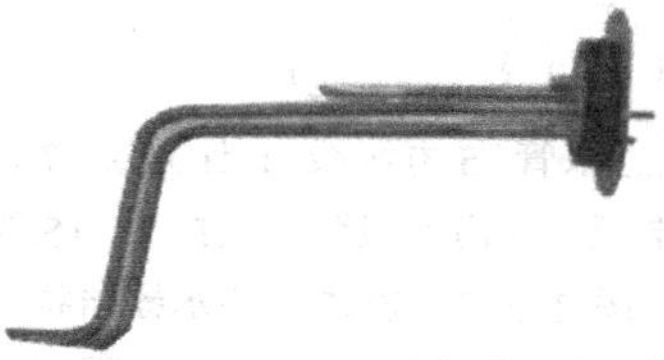

图 2–5–6　热水器的加热管

加热管的工作原理：通过能量的转换，将电能转换为热能。

有的电热水器采用加热管绝缘技术，即在固定法兰的螺母上增加了尼龙材质的绝缘垫圈。对于采用了此技术的热水器，加热管拆卸后，必须更换此尼龙绝缘垫圈。如图 2–5–7 所示。

图 2–5–7　热水器加热管的绝缘垫圈

有的热水器使用绝缘电阻，连接加热管和内锅的阻值为 620 Ω。

D.镁棒——热水器内锅的忠实卫士，如图 2–5–8 所示。

图 2–5–8　热水器内锅的镁棒

水中含有负价的酸根离子，这些离子会和内锅中的金属成分（大多为铁）发生反应，从而造成内锅的腐蚀。镁是一种化学性质较活泼的金属，它的活泼性大于铁，水中的酸根离子会优先与镁进行化学反应，从而保护内锅不被腐蚀。由于镁棒牺牲自己而保护了内锅，所以使用镁棒保护内锅的方法被称为牺牲阳极法。

使用镁棒，内锅仍旧有被腐蚀的可能。镁棒的使用是为了延长内锅的寿命，而镁棒需要定期进行更换。（镁棒的更换周期依各地水质情况而定）

E.温度传感器——电热水器安全控制的第一步，如图 2–5–9 所示。

图 2-5-9　热水器的温度传感器

当水温达到设定温度后，温度传感器传输电信号给强电板，切断加热元件的电源，停止加热；当水温下降一定温度时，温度传感器传输电信号给强电板，接通加热元件的电源，启动加热。以此达到调节、控制水温的作用。

F.高温极限——电热水器安全控制的第二步，如图 2-5-10 所示。

图 2-5-10　热水器的高温极限

当水温超过限制温度时，高温极限切断机器电源。温度传感器与高温极限工作原理图，如图 2-5-11 所示。

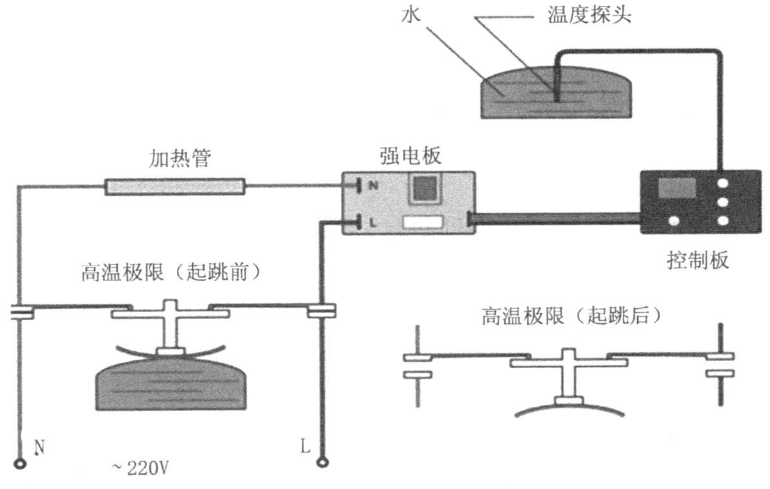

图 2-5-11　热水器的温度传感器与高温极限工作原理图

G.泄压阀——电热水器安全控制的第三步，如图 2-5-12 所示。

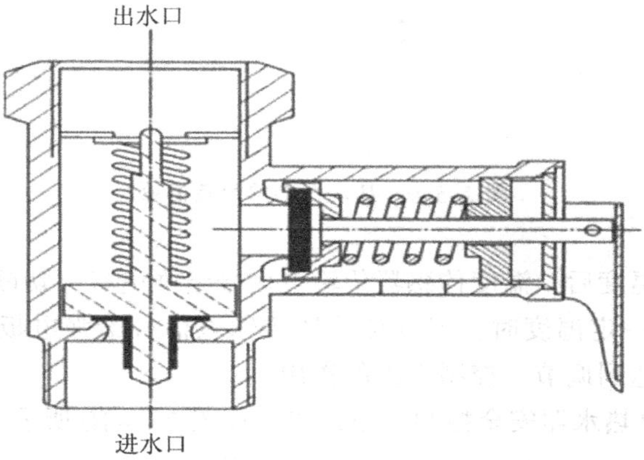

图 2-5-12　热水器的泄压阀

热水器工作（加热）时，内锅中的压力会升高，过高的压力容易对内锅造成损伤，影响内锅的寿命。安装泄压阀后，泄压阀在一定的压力作用下，会从溢流口溢流以降低内锅中的压力，对内锅起到泄压保护的作用。同时泄压阀具有停水保护功能，保证内锅中的热水不会直接倒流至冷水管中。

H.保温层。

保温层 (又称发泡层) 是电热水器保温性能的关键，也是决定电热水器热效率的主要因素。电热水器的热效率是一项综合性的指标。热效率与加热器的功效以及保温层的密致程度有着密切的联系。保温材料越致密越厚，保温性能越好，则热效率越高。同时，加热管功效越高，热效率也越高。

保温层的发泡方式分以下几种。

现场发泡式：聚氨酯现场发泡，直接灌注在外壳与内锅之间。

拼装式：将预制成型的发泡件与内锅、外壳组装。

组合式：中部现场发泡，两端采用成型发泡件。

其保温效果为:现场发泡式>组合式>拼装式。

I.强电板与控制器。

强电板为电热水器各部件的工作提供动力。控制器是实现电热水器的各项功能的保障。

(6) 电热水器的型号（以西门子为例）。

①非家电下乡型号命名体系。

例如：DG45121TI/01 共 12 字符。

(D)　(G)　(45)　(1)　(2)　(1)　(TI) /(01)

其中：D——电热水器。

G——热水器类别，其中 G 为贮水式电热水器，H 为即热式电热水器，Q 为贮水式燃气热水器，P 为即热式燃气热水器。

45——容积。

1——外形平台设计，其中数字 0 为圆形、立式，1 为圆形、横式，2 为不规则、立式，3 为不规则、横式。

2——控制方式，其中 0 为机械；1 为电子，LED 显示；2 为电子，LED 显示，遥控操作；3 为电子，7 段 LED 显示；4 为电子，7 段 LED 显示，遥控操作；5 为电子，LCD 显示；6 电子，LCD 显示，遥控操作。

1——特殊区别，1~9 表示颜色、端盖、内锅等区别；0 表示容积大于 100 L。

TI——地区代码，TI 代表中国。

01——维修索引。

②家电下乡型号命名体系。

例如：DG265105TI/01 共 13 字符。

(D) (G) (2) (65) (1) (0) (5) (TI) /(01)

其中：

D——电热水器类别。

G——热水器类别，其中 G 为贮水式电热水器，H 为即热式电热水器，Q 为贮水式燃气热水器，P 为即热式燃气热水器。

2——家电下乡招标批次，数字 1 为第一批家电下乡中标机型，2 为第二批家电下乡中标机型。

65——容积。

1——外形平台设计，数字 0 为圆形、立式，1 为圆形、横式，2 为不规则、立式，3 为不规则、横式。

0——控制方式，0 为机械；1 为电子，LED 显示；2 为电子，LED 显示，遥控操作；3 为电子，7 段 LED 显示；4 为电子，7 段 LED 显示，遥控操作；5 为电子，LCD 显示；6 为电子，LCD 显示，遥控操作。

5——特殊区别，1~9 为表示颜色、端盖、内锅等区别，0 为表示容积大于 100 L。

TI——地区代码，TI 代表中国。

01——维修索引。

2.燃气热水器，如图 2-5-13 所示

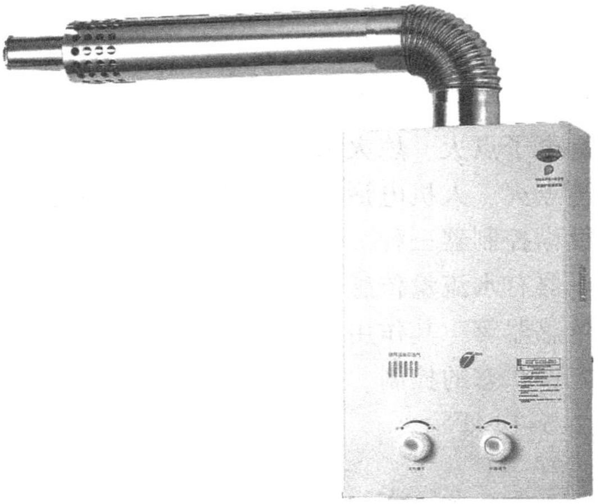

图 2-5-13　燃气热水器

燃气热水器又称燃气热水炉，它是指以燃气作为燃料，通过燃烧加热方式将热量传递到流经热交换器的冷水中以达到制备热水的目的的一种燃气用具。

(1) 优点：出热水快、使用方便。

(2) 缺点：安装复杂、安全要求高。

(3) 燃气热水器的分类。

①按水路控制方式分：前制式燃气热水器、后制式燃气热水器。

②按燃气种类分：人工燃气热水器、天然气燃气热水器、液化石油气燃气热水器、沼气燃气热水器。

③按排气方式分：直排式燃气热水器、烟道式燃气热水器、平衡式燃气热水器、强制排式燃气热水器、强制平衡式燃气热水器。

(4) 燃气热水器结构。

①基本结构。

燃气热水器主要是由阀体总成、主燃烧器、小火燃烧器、热交换器、安全装置等组成。阀体总成控制着整个热水器的工作程序，它包括水阀、气阀、微动开关和点火器等。热水器安装时，进水管、出水管、燃气管上都应该安装阀门。

使用热水器时，先打开燃气阀和进水阀。当打开出水阀时，点火器和微动开关先点燃小火，再点燃主火。建议采用电子脉冲点火器，该种点火器方便、省时，只需用手指按动就可以，并且安全性高，不会因意外熄火而造成安全事故，一旦出现熄火的状态，控制系统能及时关闭电磁阀，关闭燃气通路。而有的热水器不设小火，可直接点燃主火。燃气在燃烧室内燃烧，热量通过热交换器将水加热，热水从出水口源源不断流出。关闭出水阀，热水器停止工作。

燃气热水器一般包括：外壳、给排气装置、燃烧器、热交换器（俗称水箱）、气控装置、水控装置、水气联动装置和电子控制系统等。

②具体结构组成。

主要有外壳、面壳、开关旋钮、烟管（强排烟管）、风扇电动机（可选）、风压开关、热交换器、温控器、燃烧器、水气联动阀门、电磁阀、排风罩、点火器、离子火焰感应针、脉冲发生器、底壳固定板、电控器、底壳等。

家用燃气热水器的控制系统是一个电子控制系统，一般带有一个火焰检测装置和一个控制装置。控制系统具有电子点火、熄火保护、安全中断、出水恒温、过热保护、不完全燃烧保护功能，还具有再点火、人机电话显示、报警功能和遥控功能，燃气热水器有时序控制器、数字控制器和模糊控制器三种。

燃气热水器的感应元器有水流量传感器、离子火焰感应器、温度传感器、热电偶、微动开关、干簧管、霍尔传感器等。其作用是将反应热水器工作情况的有关信息转换成电信号，以便实现对热水器工作状态的控制。

③内部结构，如图 2-5-14 所示。

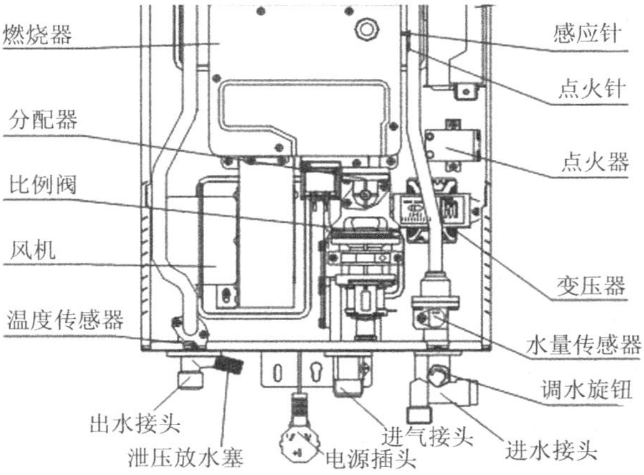

图 2-5-14 燃气热水器的内部结构

燃烧器：火排在里面，不锈钢制成。

分配器：控制分段燃烧，一个电磁阀控制一段火焰。

比例阀：调节燃气输出的比例。

风机：将空气鼓入燃烧室内，图 2-5-14 所为为强鼓式风机，强抽式风机在顶端。强鼓式风机鼓风强、抽烟弱；强抽式的风机反之。

温度传感器：检测出水温度。

出水接头：连接热水软管。

泄压放水塞：可以将内部残留的水放掉。

电源插头：大家尽量选择带漏电保护器的产品。

进气接头：连接气管。

进水接头：连接冷水软管。

调水旋钮：可以调节进水的大小。

水量传感器：它是由霍尔传感器和水流转子组件构成。

变压器：调节到合适的电压供给电动机和内部电路使用。

点火器：它也相当于调试器。

点火针：前面很尖，电离空气，产生火花从而点燃燃气。

感应针：检测火焰是否燃烧。

(5) 燃气热水器的型号。

现在国家有统一的标准规定燃气热水器的命名方式，它的代号排序方式如下。

代号	燃气种类	排气方式	热水产率	安装位置	产品特征序号

各部分含义如下：

代号。JS 表示家用快速燃气热水器，是拼音首字母。

燃气种类。J 人工燃气为 R、天然气为 T、液化石油气为 Y、沼气为 Z。

排气方式。Z 为直排式热水器（一般省略不标），D 为烟道式热水器，P 为平衡式热水器，Q 为强制排气式热水器，G 为强制平衡式热水器。

热水产率。热水产率表示的是升高 25℃时，每分钟流出的热水量。我们常见的有 8 L，10 L，12 L，16 L 等。8 L 表示当每升高 25℃时，热水产率为 8 L/min。

安装位置。N 表示室内安装式（一般省略不标），W 为室外安装式。

产品特征序号。一般是由厂家自行编制的。比如 JSQ10-TF6，指的就是家用快速燃气热水器强排型 10 L，后面的 TF6 是厂家的 TF 第 6 代产品。

3.太阳能热水器，如图 2-5-15 所示

(1) 太阳能热水器的特点

太阳能热水器是采用真空集热管组装的热水器，有光照便能产生热水，可广泛用于家庭及工业。其特点是集热效率高、安全、清洁、节能、保温性能好、全年可使用、使用寿命长等。但是城市家庭中由于安装和日照问题，使用的并不多。

图 2-5-15　太阳能热水器

(2) 太阳能热水器的分类。

就其结构来说，大体可分为以下几类。

①从集热部分分：玻璃真空管太阳能热水器、平板型太阳能热水器和陶瓷中空平板型太阳能热水器。

A.玻璃真空管太阳能热水器，如图 2-5-16 所示。

图 2-5-16　玻璃真空管太阳能热水器

它可细分为全玻璃真空管式，热管真空管式，U 形管真空管式，真空管集热、储热一体化闷晒式。常用的为全玻璃真空管式，其优点是安全、节能、环保、经济。尤其是带辅助电加热功能的太阳能热水器，它以太阳能为主，电能为辅的能源利用方式使太阳能热水器全年全天候正常运行，环境温度低时效率仍然比较高。其缺点是体积比较庞大、玻璃管易碎、管中容易沉积水垢、不能承压运行。

B.平板型太阳能热水器。

它可分为管板式、翼管式、蛇管式、扁盒式、圆管式和热管式。其优点是整体性好、寿命长、故障少、安全隐患低、能承压运行、吸热体面积大、易与建筑相结合、耐无水空晒性强，其热性能也很稳定。其缺点是由于盖板内非真空，保温性能差，故环境温度较低时集热性能较差，采用辅助加热时相对耗电。环境温度低或要求出水温度高时热效率较低。如热水器被冻坏则需更换整个集热板，适合冬天不结冰的南方地区使用。

C.陶瓷中空平板型太阳能热水器，如图 2-5-17 所示。

它是以普通陶瓷为基体，立体网状钒钛黑瓷为表面层的中空薄壁扁盒式太阳能集热体。陶瓷太阳能板整体为瓷质材料，不透水、不渗水、强度高、刚性好，不腐蚀、不老化、不褪色，无毒、无害、无放射性，阳光吸收率不会衰减，长期具有较高的光热转换效率。

图 2-5-17　陶瓷中空平板型太阳能热水器

经国家太阳能热水器质量监督检验中心检测，陶瓷太阳能板的阳光吸收比为 0.95，混凝土结构陶瓷太阳能房顶的日得热量为 8.6 MJ，远高于国家标准。陶瓷太阳能板制造、使用成本低，阳光吸收比不衰减，与建筑同寿命，可以与原房顶共用结构层、保温层、防水层，结构简单，保温隔热效果好于原房顶、与建筑一体化的混凝土结构陶瓷太阳能房顶、向阳墙面、阳台护栏面，为建筑提供热水、取暖；为工农业、养殖业提供热能；可用于荒漠大规模太阳能热水发电、风道发电、海水淡化、苦咸水淡化、变沙漠为农田。

②从结构分：紧凑式太阳能热水器和分体式太阳能热水器。

A.紧凑式太阳能热水器。

就是将真空玻璃管直接插入水箱中，利用加热水的循环，使得水箱中的水温升高，这是市场最常规的太阳能热水器。

B.分体式太阳能热水器。

分体式太阳能热水器是将集热器与水箱分开，可大大增加太阳能热水器容量，扩大了使用范围。

③从水箱受压分：承压式太阳能热水器和非承压式太阳能热水器。

A.承压式太阳能热水器。

太阳能热水器的出水是有压力的。一般为顶水式工作，不一定采用承压式水箱。

B.非承压式太阳能热水器。

普通太阳能热水器都是属于非承压式热水器，它的水箱有一根管子与大气相通，是利用屋顶和家里的高度落差，在用水时产生压力。其安全性、成本、使用寿命都比承压式要经济实用得多。

(3) 太阳能热水器的结构，如图 2-5-18 所示。

太阳能热水器是由集热部件（真空管式为真空集热管，平板式为平板集热器）、保温水箱、支架、连接管道、控制部件等组成。

①集热器。

集热器是系统中的集热元件。其功能相当于电热水器中的电热管。太阳能热水器利用的是太阳的辐射热量，故而加热只能在太阳照射度达到一定值的时候。

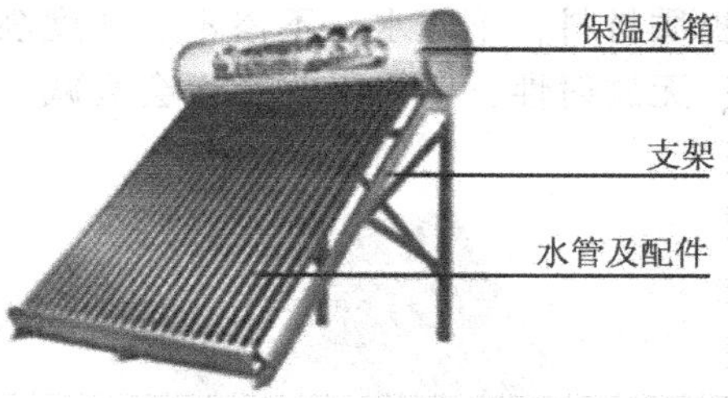

图 2-5-18　太阳能热水器的结构

目前，中国市场上最常见的是全玻璃太阳能真空集热管。其结构分为外管、内管，在内管外壁镀有选择性吸收涂层。全玻璃太阳能真空集热管一般为高硼硅 3.3 特硬玻璃制造，选择性吸热膜采用真空溅射选择性镀膜工艺。平板集热器的集热面板上镀有黑铬等吸热膜，金属管焊接在集热板上。平板集热器较真空集热管成本稍高，但近几年平板集热器呈现上升趋势，尤其在高层住宅的阳台式太阳能热水器方面有独特优势。

②保温水箱。

保温水箱是储存热水的容器，要求保温效果好、耐腐蚀、水质清洁。通过集热器采集的热水必须通过保温水箱储存，防止热量损失。太阳能热水器的容量是指热水器中可以使用的水容量，不包括真空管中不能使用的容量。对承压式太阳能热水器，其容量指可发生热交换的介质容量。

太阳能热水器保温水箱由内锅、保温层、水箱外壳三部分组成。

水箱内锅是储存热水的重要部分，其材料强度和耐腐蚀性至关重要。市场上有不锈钢、搪瓷等材质。保温层保温材料的好坏直接关系着保温效果，在寒冷季节尤其重要。较好的保温方式是聚氨酯整体发泡工艺保温。外壳一般为彩钢板、镀铝锌板或不锈钢板。

③支架。

支架是支撑集热器与保温水箱的架子，要求结构牢固、稳定性高、抗风雪、耐老化、不生锈。支架的材质一般为不锈钢、铝合金或钢材喷塑。

④水管及配件。

太阳能热水器是先将冷水输入保温水箱，然后通过集热器将热量输送到保温水箱。保温水箱与室内冷、热水管路相连，使整套系统形成一个闭合的环路。设计合理、连接正确的太阳能管道对太阳能系统是否能达到最佳工作状态至关重要。太阳能管道必须做保温处理，北方寒冷地区需要在管道外壁铺设电伴热带，以保证用户在寒冷冬季也能用上太阳能热水。

配件主要就是控制部件，一般家用太阳能热水器需要自动或半自动运行，控制系统是不可少的，常用的控制器是自动上水、水满断水并显示水温和水位，带电辅助加热的太阳能热水器还有漏电保护、防干烧等功能。市场上有手机短信控制的智能化太阳能热水器，具有水位、水温查询，故障报警，启动上水，关闭上水，启动电加热等功能。

五、任务评价表

评价项目	项目评价内容	配分(分)	评分标准	得分(分)
知识考核	热水器的分类及作用	30	(1)分类部分不全，每漏一处扣5分 (2)作用回答不完整，每漏一处扣3~5分	
	各类热水器的优缺点	20	优缺点每漏一处扣5分	
操作考核	阅读某电热水器说明书	50	(1)根据额定功率计算额定电流，每错一处扣5分 (2)查找使用注意事项，每错一处扣5分	
总分				

学生（签名）：　　　　　测评教师（签字）：　　　　　时间：

自我测试

(1) 简述电热水器的功能和优缺点。

(2) 燃气热水器的分类方法是什么？

知识拓展

家用空气能热水器简介

图 2–5–19 家用空气能热水器

如图 2–5–19 所示，空气能热水器，也称“空气源热泵热水器”“冷气热水器”等。“空气能热水器”能把空气中的低温热能吸收进来，经过压缩机压缩后转化为高温热能传递给冷水，即水被加热。这种热水器（空气能热水器）具有高效节能的特点，制造相同的热水量，空气能热水器消耗能源的成本仅为电热水器的 1/4，燃气热水器的 1/3，比电辅助太阳能热水器的利用能效高。

1.产品概述

空气能热水器是运用热泵工作原理，吸收空中的低能热量，经过中间介质的热交换，并压缩成高温气体，通过管道循环系统对水加热。该新产品克服了太阳能热水器依靠阳光采热和安装不便的缺点。由于空气能热水器的工作是通过介质换热，因此其不需要电加热元件与水直接接触，避免了电热水器漏电的危险，也防止了燃气热水器可能爆炸和中毒的危险。

空气能热水器不需要阳光，因此放在室内或室外都可以。太阳能热水器储存的水用完之后，很难再马上产生热水，而且电加热也需要很长的时间，而空气能热水器只要有空气，温度在 0℃以上，就可以全天候承压运行。这样一来，即使用完一箱水，1 h 左右甚至更短时间内空气能热水器就会再产生一箱热水。同时它也能从根本上消除电热水器漏电、干烧以及燃气热水器使用时产生有害气体等安全隐患，克服了太阳能热水器阴雨天不能使用及安装不便等缺点，具有高安全、高节能、寿命长、不排放毒气等诸多优点。空气能热水器的寿命一般可以达到 15~20 年。

空气能热水器，顾名思义就是把空气中的热量通过冷媒搬运到水中，传统的电热水器和燃气热水器消耗的能源是电力或燃气，其热效率都小于 100%。由于大部分热量从空气中吸收，空气能热水器热效率可达到 300%以上，它最大的优势就是制冷。

2.工作程序

制冷四大件：蒸发器、压缩机、冷凝器和节流装置。

稳定三大件：储液罐（压缩机），膨胀阀（毛细管），干燥过滤器（干燥水分和过滤杂质）。

除霜一大件：四通阀。

突破传统能量转换理论，实现高能效：热泵在工作时，工质能在蒸发器中吸收环境介质贮存的能量 Q_A；而启动系统需要做工，压缩机的机械能转变为热能 Q_B；同时，工质在冷凝器中释放热量 Q_C 到高温介质中。

$$Q_C=Q_A+Q_B$$

热泵输出的能量为压缩机产生的热能 Q_B 和热泵从环境中吸收的热量 Q_A 之和；输入一个 Q_B，得到 Q_B+Q_A，突破传统单一不同能之间转变无法达到100%效率的瓶颈；采用热泵技术能效比更高。

3.工作原理

空气能热水器是按照“逆卡诺”原理工作的，形象地说，就是“室外机”像打气筒一样压缩空气，使空气温度升高，然后通过一种-17℃就会沸腾的液体传导热量到室内的储水箱内，再将热量释放到水中。简单来说，就是吸收空气中的热量来加热水，被吸收热量的空气被运用到厨房，解决闷热问题。

运用热泵工作原理制热，与空调制冷相反。国家制冷标准是1 000 W，电制冷2 800 W。根据热平衡的原理，同时最少产生2 800 W的热量，加上输入的1 000 W电，实际产生的热量在3 000~4 000 W，把这些热量输送到保温水箱，其耗电量只是电热水器的四分之一（电热水器即使热效率100%，输入1 000 W电也只有1 000 W的热）。

任务六　热水器的工作原理、维护及维修

任务描述

本任务主要了解热水器的工作原理、维护和维修等相关知识。教学现场应提供一台电热水器、燃气热水器等。

任务实施

一、电热水器

1.电热器的工作原理图解

以贮水式电热水器为例，分析其工作原理，如图2-6-1所示。

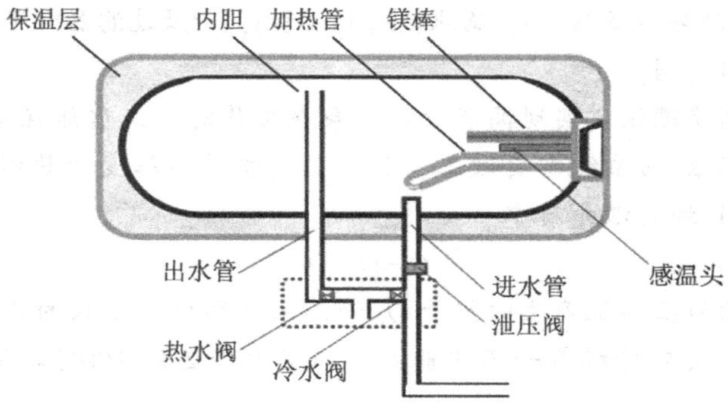

图 2-6-1　贮水式电热水器原理图

(1) 注水，如图 2-6-2 所示。

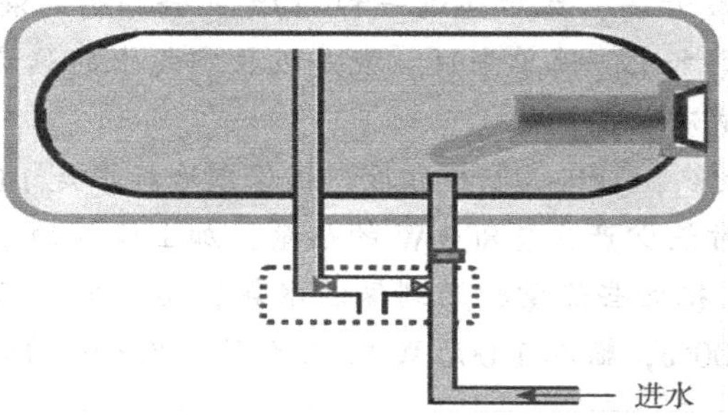

图 2-6-2　贮水式电热水器注水原理

(2) 加热，如图 2-6-3 所示。

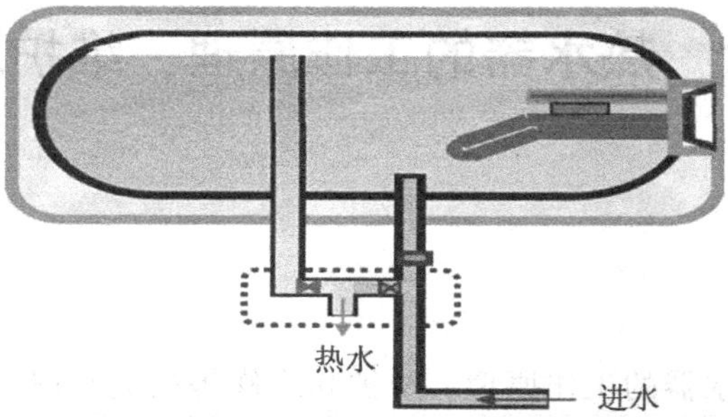

图 2-6-3　贮水式电热水器加热原理

2.电热水器的基本工作原理

先将热水器注满水，再通电，此时加热管开始工作，对内锅中贮存的水进行加热，当水温达到设定的温度时，温控器切断电源，停止加热。此时热水已可供使用。因内锅可以承受一定的压强，冷水进水口处常开，热水靠自来水的压力形成流动。加热后，热水在内锅中通过热对流集中在内锅的上部，冷水沉积在内锅的下部。使用热水时，冷水会不断地进入内锅，内锅中的水温随之降低，当水温低于设定温度时，温控器发出电信号，此时加热管会再次工作，对内锅中的水进行加热。

3.贮水式电热水器安全保护功能（以 A 系列为例）

（1）ELCB 三相漏电保护插头。

将 ELCB 三相漏电保护插头插入插座后，插头的绿色指示灯亮，表示插座电源正常；若黄色指示灯亮，表示插座接地异常；若插头指示灯不亮，按下“复位”键仍无指示，表示插座无电或电路异常。

ELCB 工作电流设定在 15 mA，当接地系统异常或漏电电流大 15 mA 时，ELCB 三相漏电保护插头自动切断机器的电回路。故障排除后，需复位 ELCB 三相漏电保护插头，机器才能恢复工作。

（2）防冻结保护功能。

当水温低于 6 ℃时，（通电情况下）加热管自动开始加热，水温升到 10 ℃时，加热管停止加热，反复循环，防止内锅中的水发生冻结，对内锅造成损伤。断电记忆功能如遇到突然断电的状况，电热水器的控制系统可永久记忆断电前设置的工作参数，如预约加热设定、峰谷时段设定，智能用水情况等（即时加热设定除外）。重新通电后，时间及日期设置将恢复为出厂默认值，此时需重新设定当前时间和日期。

（3）超温保护功能。

当水温超过 85℃时，控制器立即切断加热管等强电部分的电流，此时蜂鸣器鸣叫，显示屏设定温度区域显示 E0，键盘自动锁定。机器断电重启后方可复位。通电状态时，此保护功能一直处于工作状态。

（4）防干烧保护功能。

在工作状态，如果热水器内缺水，加热管处于无水干烧时，控制器会自动切断加热管等强电部分的电流，此时蜂鸣器鸣叫，显示屏设定温度区域显示 E1，键盘自动锁定。机器断电重启后方可复位。通电状态时，此保护功能一直处于工作状态。

（5）传感器开路或短路保护功能。

当传感器开路或短路时，控制器自动断开加热管等强电部分的电流，此时蜂鸣器鸣叫，显示屏设定温度区域显示 E3，键盘自动锁定。将机器断电，排除故障后，重启机器方可使用。通电状态时，此保护功能一直处于工作状态。

4.电热水器的常见故障及维修，见表 2–6–1

表 2–6–1　电热水器的常见故障及维修方法

故障现象	原因分析	维修方法
漏水	冷、热水管，单向泄压阀等水路连接处密封不良	紧固好密封件
	供水管道或其他装置泄漏	检修供水管道和装置
	从两侧端盖与筒体连接处或冷水管根部漏水	检查是否为内胆或法兰密封处漏水。如果内胆漏水，只能进行退、换机操作。如果是法兰密封处漏水，更换法兰密封圈，重新紧固法兰。如果紧固后仍漏水，进行退、换机操作

续表

故障现象	原因分析	维修方法
热水中有异味	水中硫酸盐或其他矿物质含量较高	排水后冲洗加热管
	冷水中细菌较多	对水路进行消毒处理
指示灯不亮,无温度显示	电热水器未接通电源	检查电源插座,故障排除后,重新接通电源
	电路故障,漏电保护启动	检查相关电路部件,排除故障后,重新通电
	高温极限起跳	检查温控器,排除故障后手动复位高温极限
	温控系统或导线故障	检查机器,故障排除后重新插电使用
水温低、热水不足或不出水	电热水器没有接通电源	检查电源插座,故障排除后,重新接通电源
	温度设定过低	重新设定合适的温度
	漏电保护启动,切断电源后未复位	检查相关部件,排除故障后,重新通电
	高温极限起跳	检查温控器,排除故障后手动复位高温极限
	温控系统或导线故障	检查机器,故障排除后重新插电使用
有噪声	加热管表面有水垢沉淀	排水后清洗加热管表面
	内胆底部有水垢沉淀	冲洗内胆内的水垢
	单向泄压阀泄压时发出噪声	泄压阀泄压时会产生声音,无须更换
单向泄压阀漏水	内胆内水压过大,泄压溢流处漏水	正常泄压,无须更换
	泄压阀断裂或泄压阀内组件破损	更换泄压阀

5.电热水器故障代码，见表 2-6-2

表 2-6-2　电热水器故障代码

机器系列	出错信息	故障内容
A 系列	显示“E0”,报警声	超温报警: 水温超过 85℃
B 系列	显示“E0”,报警声	
C 系列	55、65、75 灯闪烁	
A 系列	显示“E1”,报警声	干烧报警: 温度上升速度超过 10℃/min
B 系列	显示“E1”,报警声	
C 系列	45、55、65、75 灯闪烁	
A 系列	显示“E2”,报警声	漏电报警: 热水器测得漏电信号
B 系列	显示“E2”,报警声	
C 系列	35、45、55、65 灯闪烁	
A 系列	显示“E3”,报警声	温度传感器开路、短路
B 系列	显示“E3”,报警声	
C 系列	35、45、55 灯闪烁	
A 系列	显示“E4”,报警声	电压报警: 电压高于 250 V 或低于 170 V(仅限 A 系列)

6.电热水器的维护

(1) 维护步骤。

①安全检查。

检查用电环境，有无可靠的接地线，线路有无老化现象，插座是否接插良好，是否单独专用。如果发现问题，须找专业电工进行改造。

②检查水路情况。

检查水压是否正常，水路是否泄漏。

③检查机器安装质量。

检查热水器悬挂是否牢固，安装墙体是否可靠。

④清除机体表面灰尘或污垢。

⑤清除加热管及温控器套管的水垢。

⑥洗内锅。

步骤：关闭热水阀→打开排污阀→打开冷水进水阀→将热水阀开至最大，将水放出。通过水流的进出冲洗内锅，直至排污阀流出清水。

⑦换镁棒。

A.镁棒安装在法兰上的电热水器。

更换镁棒步骤：拔掉电源插座→将冷水进水阀关闭→将排污阀的螺母拧下→将热水阀开至最大，将水放出→拆开热水器右侧面板→拆卸法兰→取出加热管，更换镁棒→安装法兰、侧面板→通电，注水试机。

B.镁棒安装在排污口，如图 2-6-4 所示。

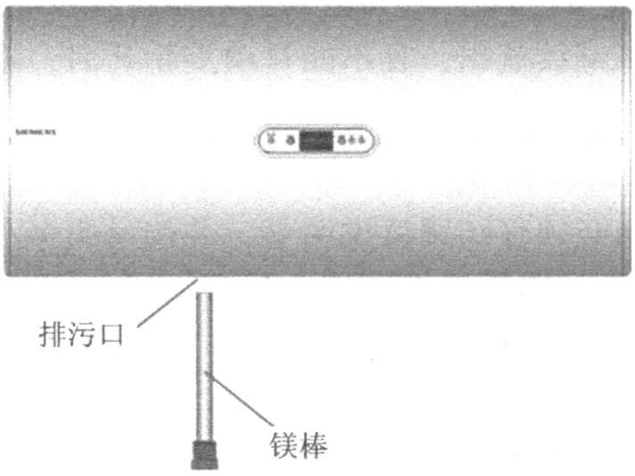

图 2-6-4　镁棒安装在排污口的电热水器

更换镁棒步骤：拔掉电源插座→将冷水进水阀关闭→将排污阀的螺母拧下→将热水阀开至最大，将水放出→取出需更换的镁棒→安装新的镁棒→通电，注水试机。

(2) 保养注意事项。

清洁机器前，必须拔掉电源插头。

①用软毛巾蘸温水或中性清洁剂擦洗。不要用含有研磨剂（如牙膏）、酸性物、化学溶剂（如酒精）或擦光剂的清洁剂擦洗。

②勿让清洁剂进入电热水器机体。

③电热管上的污垢需要用毛刷或抹布进行清理，不得用硬物进行刮擦。

④内锅底部可能会积有泥浆、水垢等杂质，冲洗内锅前需准备好承载容器。

⑤法兰密封圈为易损件，一经拆卸，不可以再使用，必须进行更换。

⑥镁棒的消耗速度与各地水质情况相关，一般来说，第一次的保养服务应在使用机器两年后进行。

二、燃气热水器

1.燃气热水器的工作原理

燃气热水器的基本工作原理是冷水进入热水器，流经水气联动阀，在流动水的一定压力差值作用下，推动水气联动阀，并同时推动直流电源微动开关将电源接通并启动脉冲点火器。与此同时，打开燃气输气电磁阀门，通过脉冲点火器再次点火，直到点火成功并进入正常工作状态为止，此过程持续 5~10 s，当燃气热水器在工作过程或点火过程出现缺水或水压不足、缺电、缺燃气、热水温度过高、意外熄火等故障时，脉冲点火器将通过感应针反馈的信号，自动切断电源，燃气输气电磁阀门在缺电供给的情况下立刻回到原来的常闭阀状态，也就是说此时已切断燃气通路，关闭燃气热水器，起到了安全保护作用。通常，一台合格的燃气热水器，是指各项性能指标符合 GB6932-2001《家用燃气快速热水器》国家标准的燃气热水器，从点火状态到进入正常工作状态的整个过程是全自动控制，无须人为调整或附加设置，只要打开冷水开关或接通冷水水源，通过调节水量调节装置和气量调节装置得到合适的水量与气量，燃气热水器就立刻在 5~10 s 内进入正常工作状态，同时产出热水，一旦出现以上意外故障，燃气热水器将会在 10 s 内自动停止工作，并立刻切断燃气通路，防止燃气继续流出，且不能自动重新开启，除非人为地排除以上故障后再重新启动燃气热水器，方能正常工作。

2.燃气热水器的维护及安全使用

(1) 使用燃气热水器前必须仔细阅读说明书，并按说明书和铭牌指示的使用方法、注意事项等使用和维修热水器。燃气管道宜用金属管，不宜用橡胶管，以免老化后发生意外。使用场所要保持通风，换气良好，最好不要长时间连续使用燃气热水器，若有多人洗浴，应有一定的间隔时间。

(2) 要经常检查气源至热水器的整个管路系统，用肥皂水在管路及各接头处涂抹，以检查燃气管道及外接胶管是否有裂纹、老化、松脱等故障，要保证无漏气现象。一旦发生漏气，应首先关闭供气总阀，打开门窗通风，切勿打开照明灯具和电器开关，以防电火花引起火灾。点火或熄火时要注意检查燃烧器是否确实点燃或熄灭。

(3) 燃气热水器四周应有安全间距，不要密封在吊柜内，上面或周围不要放置易燃物，不要把毛巾、抹布堵挡在热水器的进、排气口上，以预防火灾。当燃气热水器出现漏气、漏水、停水后火焰不灭、燃烧状况不良等现象时，应停止使用，并及时通知特约维修单位修理，严禁私自拆卸修理。热水器每半年或一年应请燃气管理部门指定的专业人员对其进行检修、保养，保持燃气热水器性能良好。平时也要经常进行自检，如检查进水阀过滤纱网，避免造成进水阀堵塞。清除方法是将进水管路旋开，取出过滤纱网进行清洗。每半年或一年对热交换器和主燃烧器检查一次，看是否有堵塞现象。如果有，应及时进行清洗，否则会引起燃烧不完全，产生有害气体，严重时会发生中毒事件。检查喷嘴与热电偶，长时间使用燃气热水器，喷嘴与热电偶处易积碳，影响顺利点火。

(4) 每次使用燃气热水器前都应检查安装热水器的房间的窗子或排气扇是否打开、通风是否良好。在使用时，若进水阀打开后，发现大火未点燃而又有燃气溢出，应立即关闭进水阀，稍停一下再开。如果多次均不能将大火点燃，应停止使用，进行检修。当开启进水阀，大火点燃后，一般 45 s 后即可放出热水，然后再根据需要调节水量。

(5) 刮风天气时，发现安装热水器的房间倒灌风或烟道式热水器从烟道倒烟时，应暂停使用热水器。

(6) 运行时发现火焰溢出外壳或有火苗蹿出，应暂停使用。热水器运行时上部冒黑烟，说明热交换器已经严重堵塞或燃烧器内有异物存在，应立即停用并联系维修。发现热水器有火苗蹿出，可能是燃气压力过高或气源种类不对，应停止使用，并查明原因。

(7) 燃气热水器用完后，必须关闭燃气及进水管路的阀门。当未成年人、外来亲朋使用热水器时，应特别注意安全指导，教会其正确使用，切勿大意。

(8) 排烟管道应注意防腐蚀，烟道不可漏烟或堵塞。

三、太阳能热水器

1.太阳能热水器的工作原理

太阳能热水器工作原理：阳光穿过吸热管的第一层玻璃照到第二层玻璃的黑色吸热层上，吸热层将太阳光的热量吸收，由于两层玻璃之间是真空隔热的，热量不能向外传，只能传给玻璃管里面的水，使玻璃管内的水被加热，被加热的水便沿着玻璃管受热面往上进入保温水箱，保温水箱内温度相对较低的水沿着玻璃管背光面进入玻璃管补充，如此不断循环，使保温水箱内的水不断被加热，从而达到热水的目的。如图 2-6-5 所示，具体分析如下：

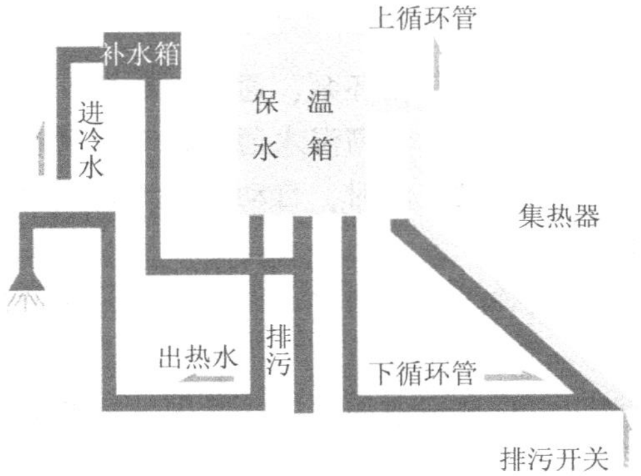

图 2-6-5 太阳能热水器的工作原理

(1) 集热器吸热。

太阳能热水器的集热器表面有一层特殊的涂层，此涂层对太阳能可见光具有很大的吸收率，吸收可见光以后，集热器的散热热辐射波长在长波范围，该涂层对长波的发射率很低，这样就有效地“滞留”了太阳能的热量。管内的水吸热后温度升高，比重减小而上升，形成一个向上的动力，构成一个热虹吸系统。随着热水的不断上移并储存在保温水箱上部，同时温度较低的水沿管的另一侧不断补充，如此循环往复，最终整箱水都升高至一定的温度。

(2) 管路循环。

利用冷水比热水密度大，冷水下沉，热水上升，形成自然对流循环，使水箱中的水逐渐变热，达到需要的水温为止。当太阳强度不足以满足循环需要的时候，可以在水循环闭路加一个水泵，实现强制循环。

(3) 保温原理。

太阳能保温水箱和其他保温水箱一样，是储存热水的容器。因为太阳能热水器只能白天工作，而人们一般在晚上才使用热水，为了使白天生产的热水在晚上或隔天使用时保持一定的温度，所以必须通过保温水箱把热水储存起来。保温水箱由三部分组成：外胆、聚氨酯发泡层和不锈钢内锅，其中，聚氨酯发泡层负责太阳能热水器的保温，聚氨酯的保温性能卓越，是目前国内所有建材中导热系数最低（≤0.024）、热阻值最高的保温材料。太阳能热水器的发泡层厚度一般在50~70 mm之间，实际保温性能则取决于生产厂家的发泡机械、标准化模具和工艺技术水平。

(4) 使用过程。

平板型太阳能热水器为顶水式工作，水箱内可以采用夹套或盘管。供水压力为自来水压力，比自然重力式压力大，尤其是安装高度不高时，使用过程中水温先高后低，容易掌握，使用者容易适应，但是要求自来水保持供水能力。

2.太阳能热水地暖的工作原理

太阳能热水地暖系统中有集热器、温测器和水温感应器。集热器吸收太阳能辐射后，集热器温度上升，当集热器温度和水箱温度水温差 Δt 达到设定值时，检测系统发出指令，循环泵将中央热水器中的冷水输入集热器中，水被加热后再回到水箱中，使水箱内的水达到设定的温度。

地暖管道循环系统，增加一台热水循环泵，通过控制器控制地暖管道循环。当水温达到设定温度时，自动启动地暖循环泵，使高温水通过地暖盘管在室内循环，从而使室内温度不断提高。当水箱水温低于某一设定值时，自动停止地暖管道循环泵。

3.太阳能热水器的维护

安装太阳能热水器时，输水管内可能粘有尘埃或油，首次使用时可打开水龙头排除杂物。

太阳能热水器内的存水，应根据当地的水质状况做定期的排放，排水时间可选早上集热器温度较低时。

太阳能热水器表面，依地区落尘量做定期的擦拭，保持热水器的表面清洁，得到较高的集热效率。

连续晴天且多日不使用热水时，其热水温度很高，在使用太阳能热水器时请先开冷水，后开热水，以免烫伤。

水龙头出口端一般都有滤网装置，水管内的水垢、杂物会聚集于此网，应定期自行拆下清洗，可使水流出顺畅。

冬季，管道被冻住是很常见的事，如发现管道内已结冰但管道尚未开裂，一般气温回升后即可自动疏通。也可用电吹风烘吹，或拿毛巾裹住水管，然后用温水慢慢浇淋，切不可用火烘烤、敲击管道或用开水急烫，那样会使管道爆裂。多次冻堵容易使管道冻裂，因此需要加强管道保温措施。

太阳能热水器平均每两到三年就需要进行清洗、检查、消毒，用户平时也可以自己动手做一些消毒工作，如买些含氯的消毒药剂倒入进水管道，让其浸泡一段时间，再放出，能起到一定的消毒、杀菌效果。

太阳能热水器平均每两到三年需对真空管内部进行清理，防止真空管内部结水垢而影响吸热效果。

注意防雷、防电，打雷时切勿洗澡并拔掉电加热插头。

4.太阳能热水器的常见故障及维修，见表 2–6–3。

表 2–6–3　太阳能热水器的常见故障及维修方法

故障现象	原因	维修方法
开机无自检、不显示、乱显示	电压不足或接触不良	拔下电源插头检查电压，重新接入电源
显示–℃，20%水位，100%水位指示灯同时闪亮	接触不良、接反或短路，遭雷击损坏	红色标示相对应，重新插紧或维修，或更换主机
上水缓慢或不上水	供水水压低或电磁阀滤网有脏物堵塞、电磁阀连接断路、停水或真空管破裂	加压上水或清洗电磁阀滤网、检查连接线、等待来水或更换真空管

四、任务评价表

评价项目	项目评价内容	配分(分)	评分标准	得分(分)
知识考核	开路和短路有何区别	30	(1)概念回答，每漏一处扣 5 分 (2)电路区别回答不完整，每漏一处扣 3~5 分	
	防冻结保护功能的工作原理	20	回答不完整，每漏一处扣 5 分	
操作考核	ELCB 三相漏电保护插头的拆装	50	实物识别，每错一处扣 5 分	
总分				

学生（签名）：　　　　测评教师（签字）：　　　　时间：

自我测试

(1) 简述热水器的超温保护功能的工作原理。

(2) 热水器处于干烧状态，会有一些什么现象产生？

知识拓展

太阳能热水器的特点

(1) 高科技产品，阳极化铜铝复合板芯或全紫铜板芯，表面处理工艺高，传热性能好，吸热能力强，产水量大。

(2) 系统保温性能好，蓄热能量大，保温水箱有蓄水功能，可满足多人集中使用热水，亦可作为停水时的应急水源。

(3) 太阳能热水器系统全自动静态运行，无须专人看管、无噪声、无污染，也没有漏电、失火、中毒等危险，安全可靠，环保节能，利国利民。

(4) 具有排污净化功能，水源洁净无污染。

(5) 真空管式太阳能热水器保温性能好，抗冻能力强。

(6) 大面积安装对楼面有隔热作用。

项目三

洗衣机

知识目标

(1) 了解波轮式洗衣机、滚筒式洗衣机的工作原理、特点及结构。

(2) 了解波轮式洗衣机、滚筒式洗衣机的规格参数。

技能目标

(1) 掌握波轮式洗衣机、滚筒式洗衣机的选购及维护。

(2) 掌握波轮式洗衣机、滚筒式洗衣机的正确使用方法。

洗衣机是利用电能产生机械作用来洗涤衣物的清洁电器。按其额定洗涤容量分为家用和集体用两类。家用洗衣机主要由箱体、洗涤脱水桶（有的洗涤桶和脱水桶分开)、传动系统和控制系统等组成，有的还装有加热及照明装置，家用洗衣机以水作为清洗液体。集体用洗衣机常用特制清洁溶液，通常由专人负责，即干洗。

任务一　波轮式洗衣机的组成、结构和型号

任务描述

本任务主要了解波轮式洗衣机，并要求掌握波轮式洗衣机的硬件构成及其特点。教学现场应提供波轮式洗衣机一台。

任务实施

一、波轮式洗衣机的组成和结构

1.波轮式洗衣机的组成

波轮式洗衣机主要由以下几部分组成：箱体、面框、盛水桶、洗涤脱水桶、吊杆、电动机、离合器、波轮、电气控制部件、进水与排水机构。

2.波轮式洗衣机的结构

波轮式洗衣机由洗衣桶、电动机、定时器、传动部件、箱体、箱盖及控制面板等构成。

(1) 洗衣桶。

不锈钢洗衣桶强度高、光洁度好、耐腐蚀，但原材料贵、加工困难、售价较高、生产数量不多。

(2) 电动机。

电动机有电容式和罩极式两种，以电容式为好。现在的洗衣机大多也采用电容式的电动机，电动机的结构有滚珠轴承和含油轴承两种。一般地说，滚珠轴承寿命长，含油轴承噪声低。有的厂家在脱水电动机上另加保护罩，以防止密封圈漏水时电动机损坏，是一种保护电动机的较为理想的方式。

(3) 定时器。

定时器普遍存在于双桶洗衣机中，有洗涤定时器（时限 15 min）和脱水定时器（时限 5 min）两种。在新水流的洗衣机中，有采用电动机式和机械式两种控制方式的洗衣定时器。在电压不稳或偏低的地区，宜选购机械式定时器，以避免因电压不稳而引起定时器内小电动机的烧毁。

(4) 箱体。

外箱一般有薄钢板外箱、铝合金外箱、塑料外箱三种。铝合金外箱造价贵，塑料外箱易老化，而薄钢板外箱易腐蚀。我国北方寒冷、干燥，南方温暖、潮湿。洗衣机使用场所环境的冷、暖、干、湿，对洗衣机的外箱有直接的影响。若洗衣机放置在烧煤的厨房或潮湿的卫生间，就不宜选购薄钢板外箱。在气候寒冷的北方，塑料外箱耐寒性能差，也不宜使用。

二、波轮式洗衣机的型号

国产洗衣机的型号由 6 部分组成，如图 3-1-1 所示。

第一部分为类别代号：洗衣机代号为 X，脱水机代号为 T。

第二部分为自动化程度代号：P 表示普通型，B 表示半自动型，Q 表示全自动型。

第三部分为洗涤方式代号：B 表示波轮式，G 表示滚筒式，J 表示搅拌式。

第四部分为规格代号，它是表示洗衣机额定洗涤（或脱水）容量的大小。额定洗涤（或脱水）容量是指衣服洗涤前干燥状态下所称得的重量，以 kg 为单位，标准的规格分别为 1.0，1.5，2.0，2.5，3.0，4.0，5.0 这 7 个级别。洗衣机型号中的数字是以规格乘 10 表示，即去掉小数点，如 2.0 的规格代号表示为 20。

第五部分为工厂设计产品的序号。

第六部分为结构形式代号，S 表示双桶，单桶则不标。

海尔 XQB50-728E　　海尔 XQB50-M1268　　王牌 XQB50-1678NS

图 3-1-1　部分洗衣机的型号

做一做

观察你家及邻居家的洗衣机的型号。

三、任务评价表

评价项目	项目评价内容	配分(分)	评分标准	得分(分)
知识考核	波轮式洗衣机的型号	30	型号中各代号的意义，每错一处扣 5 分	
	波轮式洗衣机的组成	20	每错一处扣 2 分	
操作考核	阅读某波轮式洗衣机说明书	50	(1)根据额定功率计算额定电流，每错一处扣 5 分 (2)查找使用注意事项，每错一处扣 5 分	
总分				

学生（签名）：　　　　测评教师（签字）：　　　　时间：

自我测试

(1) 波轮式洗衣机由哪几部分组成？

(2) 波轮式洗衣机的型号怎么辨认？

任务二　波轮式洗衣机的工作原理、维护及维修

任务描述

本任务介绍波轮式洗衣机的工作原理，以及在使用的过程中怎样去维护和维修。

任务实施

一、波轮式洗衣机的工作原理

波轮式洗衣机的洗涤原理：当波轮在电动机带动下做正反方向旋转时，洗涤液在洗衣桶内受到水平方向和垂直方向的两个作用力。由于洗涤液与衣物之间的摩擦力和桶壁与衣物的摩擦力，两个力的作用方向与大小均不断变化，从而产生水平和垂直运动着的两个涡流。靠近波轮处的涡流较急，而四周桶壁的涡流较平缓，它们的共同作用就形成了衣物在洗衣桶内的强烈翻滚，同时在衣物之间、衣物与桶壁之间产生了摩擦力与撞击力。这样反复的机械运动，便产生了类似手工洗衣时的手搓、棒打的洗涤效果，从而达到洗净的目的。

二、波轮式洗衣机的维护

1.日常维护

(1) 清理线屑过滤器。

每次洗完衣物后都必须对线屑过滤器进行清理，清理时先拆下线屑过滤器，取下线屑过滤器的后盖，然后将过滤网清理干净。线屑过滤器的拆装方法：用手转动洗衣机内桶，将线屑过滤器转动到方便取下的位置，用手按住线屑过滤器上端的卡爪，向上提拉，即可将线屑过滤器拆下。往下按即可装上线屑过滤器。但要注意，在装上线屑过滤器后，应检查线屑过滤器两侧边缘是否与线屑过滤器盖平齐，可用手晃动一下线屑过滤器，以防止安装不到位而脱落。

(2) 清理进水阀过滤器。

进水阀过滤器易被杂物堵塞，阻碍进水，应定期进行清理，一般应每月清理一次。清洗时，取下进水阀过滤器，用尼龙刷子将其清扫干净。

(3) 清洗箱体。

箱体受污染时，可用干净的软布涂上中性清洁剂擦拭，除去污垢，然后用清水洗去清

洁剂，再用湿布抹干水分。但必须注意，不要直接用水冲洗，也不可用汽油、酒精等挥发性物质去抹擦面板，以免造成面板的涂层褪色。

(4) 使用中应避免机械冲击、碰撞或划伤。

(5) 洗后处理。

每次洗涤完毕，应立即将桶内的水排净；拔下电源插头，挂好电源线和排水管；用干净的软布擦除面板上及桶内的水珠，将上盖打开约 1 h 后，再关上上盖，以避免桶内水珠蒸发而产生异味。

(6) 水流的选择。

为了减少洗衣物的缠绕和由于缠绕而引起洗净度的不均匀，以及减小磨损率，1999 年以后，市场开始出现了多种形式的新水流洗衣机，它们大多为大波轮和高波轮。

(7) 洗涤容量的选择。

一般三口之家，选购容量在 5 kg 范围内即可。洗衣机的容量越大，其耗电、耗水量也越大，而小容量的洗衣机脱水桶工作起来相应平稳。七八口之家，选购容量为 6 kg 的较为合适。选购电压、耗电量、耗水量时，还应注意以下几点：洗衣机外箱上都贴有铭牌，上面标注着洗涤、脱水输入功率，额定电压，额定频率，额定洗涤及脱水容量等。国产洗衣机，电压均为 220 V、频率为 50 Hz，与供电电源相等。如果购买进口洗衣机，一定要确认其电源电压及频率。若是买到了进口的 110 V 电压的洗衣机，一定要匹配调压器，将电压调至 220 V 后方可使用，否则电动机将很快被烧毁。

2.长时间不用的维护

(1) 洗衣机应放置于干燥通风的地方，避免阳光直接照射，不得靠近暖气管、炉灶等热源，避免洗衣机电气元器件损坏或老化，而缩短使用寿命。

(2) 洗衣机上不要摆放任何重物，以免压坏壳体。

(3) 洗衣机的使用环境温度应在 0℃以上，在 0℃以下的环境中会造成洗衣机的进水、排水系统结冰而损坏整机。因此，如果洗衣机在 0℃以下的环境中保存，必须在室温环境下放置 2~4 h 后才能使用。

(4) 洗衣机结构紧凑，不允许自行拆卸，分解机体，当洗衣机有故障时，应与售后服务点联系或请专业人员进行修理。

(5) 停放前对洗衣机运转部件加注润滑油，如主轴部件、电动机轴承等处，以防止生锈、腐蚀。

(6) 在停放期间，2~3 个月应开机运转 10 min 左右，以防止部件生锈。同时通电后可对电动机绕组驱潮，避免停用时间过长而引起故障。

三、波轮式洗衣机的常见故障及维修

波轮式洗衣机的常见故障现象有进水不止、不能进水、不能排水、不能脱水、工作噪声大、洗衣机转速慢或不转、不通电等，其常见故障和维修方法见表 3-2-1。

表 3-2-1 波轮式洗衣机的常见故障及维修方法。

故障现象	故障原因	维修方法
进水不止	进水电磁阀阀芯卡死	进行修理或更换进水电磁阀
	水位传感器不良或导气管破裂	更换水位传感器或导气管
	电脑控制板不良，一般为可控硅短路	进行修理或更换电脑控制板
不能进水	进水电磁阀不良	检查进水电磁阀是否有电压,如有电压,则清理电磁阀或更换电磁阀;如无电压,则检查有无断路
	电脑控制板不良	如无断路,更换电脑控制板
不能排水	排水管堵塞	清除排水管中的异物
	牵引器不良	检查牵引器是否有电压,如有电压,则为牵引器故障,修理或更换牵引器
	电脑控制板不良	如无电压,则修理或更换电脑控制板
不能脱水	皮带磨损严重	调整或更换皮带
	安全开关不良	修理触点或更换安全开关
	牵引器不良	修理或更换牵引器
	离合器不良	修理离合器齿轮或更换离合器
	脱水桶有异物	清除脱水桶中的异物
工作噪声大	洗衣机不平衡	把洗衣机放置在平整的地面上
	桶内有异物	清除异物
	挂簧不良	重新安装挂簧
	离合器不良	更换离合器内部轴承
洗衣机转速慢或不转	皮带磨损严重	更换皮带
	启动电容不良	更换启动电容
	电动机不良	检查电动机是否有电压,如有电压,则更换电动机
	电脑控制板不良	如电动机无电压,则修理或更换电脑控制板
	离合器位置不当	适当调整离合器位置
不通电	电源开关或电源线不良	检查电脑控制板是否有电压,如无电压,则更换电源开关或检查电源线路
	电脑控制板不良	如有电压到电脑控制板,则维修或更换电脑控制板
	电动机、进水电磁阀、牵引器断路	检查电动机、进水电磁阀、牵引器的供电线路,重新接线

四、任务评价表

评价项目	项目评价内容	配分(分)	评分标准	得分(分)
知识考核	掌握波轮式洗衣机的工作原理	30	工作原理叙述不全,每漏一处扣5分	
操作考核	波轮式洗衣机的使用方法	40	操作步骤错误,每错一处扣5分	
	波轮式洗衣机的日常维护	20	操作错误,每错一处扣5分	
	安全操作	10	违反安全文明操作要求，每违反一次扣2~4分	
总分				

学生（签名）：　　　　　测评教师（签字）：　　　　　时间：

自我测试

（1）波轮式洗衣机的工作原理是什么？

（2）购买波轮式洗衣机时的注意事项有哪些？

任务三　滚筒式洗衣机的组成、结构和型号

任务描述

本任务主要了解滚筒式洗衣机，并要求掌握滚筒式洗衣机的硬件构成及其特点。教学现场应提供滚筒式洗衣机一台。

任务实施

一、滚筒式洗衣机的特点

滚筒式洗衣机由微电脑控制，衣物无缠绕、洗涤均匀、磨损率要比波轮式洗衣机小10%，可洗涤羊绒、羊毛、真丝等衣物，做到全面洗涤。也可以加热，使洗衣粉充分溶解，充分发挥出洗衣粉的去污效能。可以在桶内形成高浓度洗衣液，在节水的情况下带来理想的洗衣效果。一些滚筒式洗衣机较波轮式洗衣机，除了洗衣、脱水外，还有消毒除菌、烘干、上排水等功能，满足了不同地域和生活环境消费者的需求。

1.滚筒式洗衣机的优点

(1) 结构、质量可靠。

滚筒式洗衣机虽然经过了80年的发展历程，但是在结构上没有多大的变化，基本上都是不锈钢内筒，使用机械程序控制器，其外壳经过磷化、电泳和喷漆三重处理工艺，其使用寿命可以达到15年，远高于塑料件的波轮式洗衣机的使用寿命。

(2) 制作精巧、紧凑。

滚筒式洗衣机的外形美观，结构相对波轮式洗衣机更加精巧、紧凑，占用空间小，且使用安全、方便。

(3) 节省用水。

滚筒式洗衣机都采用了控制水量大小的节水技术，加热洗技术以及雨淋、浸泡、摔打三重洗涤、三维立体式水流等模式和防水溢出功能，不但衣物无磨损，洗净度高，而且水的作用被发挥到了极致，所以能节约用水。一般滚筒式洗衣机洗涤5 kg衣物的标准用水为50 L，仅为波轮式洗衣机的1/3。

2.滚筒式洗衣机的缺点

传统的滚筒式洗衣机具有耗时这一缺点，时间一般在1 h左右，而老式的滚筒式洗衣机一旦关上门，洗衣过程中无法打开，添加衣物不方便。但新式的洗衣机具有中途添衣功能，就解决了这个问题。还有一个问题是新旧机型都无法避免的，那就是耗电，相对于其他类型洗衣机，滚筒式洗衣机更加消耗电量。不过，市场中的变频技术可以稍缓解耗电的劣势。同时，由于滚筒式洗衣机的特别洗衣原理，它的体重远远高于波轮式洗衣机，不易被移动，位置更需固定。

二、滚筒式洗衣机的组成和结构

1.滚筒式洗衣机外形，如图3-3-1所示

西门子 XQG80-12S468　西门子 XQG70-15H569　海尔 XQG70-HBD1426　美诺 W3844

图3-3-1　滚筒式洗衣机外形

2.滚筒式洗衣机结构，如图 3-3-2 所示

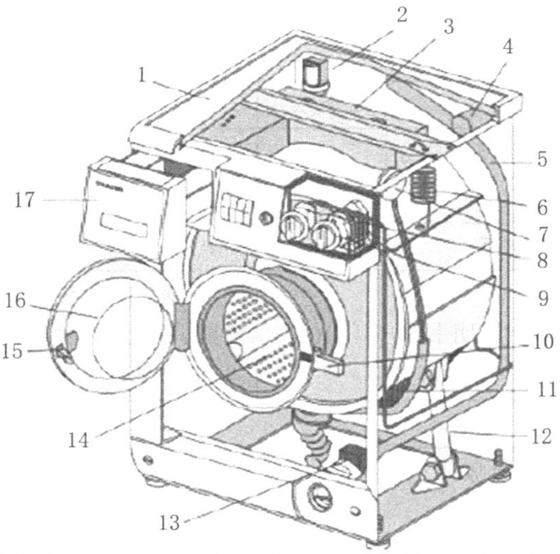

1.顶盖　2.进水阀　3.上平衡块　4.滤波电容器　5.排水管　6.弹簧　7.压力开关　8.温控器　9.程控器　10.门开关　11.电动机　12.缓冲器　13.排水泵　14.内筒　15.门钩　16.观察窗　17.料盒

图 3-3-2　滚筒式洗衣机结构

三、滚筒式洗衣的型号

滚筒式洗衣机的型号：第一位的符号“X”表示洗衣机，“T”表示脱水机；第二位的“P”表示普通型，“B”表示半自动型，“Q”全自动型；第三位“B”表示波轮式，“G”表示滚筒式，“D”表示搅拌式，S 表示双动力；第四位是洗涤容量；第五位是厂家设计序号；第六位是结构代号，“S”表示双桶机，单桶机则不标。

如：XQG60-ZY1128，第一位（X）是洗衣机，第二位（Q）是全自动，第三位（G）是滚筒式，60 表示洗涤容量是 6 kg，Z 为自编程，Y 为液晶，1128 是型号。

四、滚筒式洗衣机的清洗方法

(1) 将洁机净 1 袋倒入洗衣机。

(2) 关上洗衣机盖，跳过预洗程序，直接选择主洗程序，加入清水，运转 3 min，使本品充分溶解。

(3) 关闭电源，浸泡约 45 min。

(4) 按洗衣机正常洗涤标准模式清洗，可以观察到大量气泡产生，污垢漂浮出水面。

(5) 排掉污水，清水冲洗一遍即可。

五、任务评价表

评价项目	项目评价内容	配分(分)	评分标准	得分(分)
知识考核	滚筒式洗衣机的结构及各部分作用	70	(1)结构部分不全,每漏一处扣5分 (2)作用回答不完整,每漏一处扣3~5分	
	滚筒式洗衣机的优缺点	20	优缺点,每漏一处扣5分	
操作考核	阅读某滚筒式洗衣机说明书	10	(1)根据额定功率计算额定电流,每错一处扣5分 (2)查找使用注意事项,每错一处扣5分	
总分				

学生（签名）：　　　　　　测评教师（签字）：　　　　　　时间：

自我测试

(1) 根据自身需要选择合适的滚筒式洗衣机。

(2) 简述滚筒式洗衣机的组成及各组成部分的作用。

任务四　滚筒式洗衣机的工作原理、维护及维修

任务描述

本任务介绍滚筒式洗衣机的工作原理，以及在使用过程中的维护与维修。

任务实施

一、滚筒式洗衣机的工作原理

滚筒式洗衣机的工作原理是模仿棒槌击打衣物原理设计，利用电动机的机械做功使滚筒旋转，衣物在滚筒中不断地被提升、摔下，再提升再摔下，做重复运动，加上洗衣粉和水的共同作用使衣物被洗涤干净。而波轮式洗衣机需要水让衣服飘起来，之后不停搅拌、摩擦，达到清洁目的。

二、巧用滚筒式洗衣机

1.如何节时

(1) 根据衣物的质料来选用不同的洗涤程序：棉织品、化纤织品、羊毛羊绒织品程序。

(2) 根据衣物的脏净程度选择不同的起始洗涤程序，对于不太脏的衣物选用快速洗涤，可省水、省电、省时间。

2.如何节电

(1) 自来水温度较高时选用冷水洗涤。

(2) 根据衣物质料选择合适的洗涤水温。

(3) 根据衣物的脏净程度选择不同的起始洗涤程序，对于不太脏的衣物选用快速洗涤，可省水、省电、省时间。

3.如何节约洗涤剂

(1) 普通型滚筒式洗衣机先让洗衣机进水半分钟后断开电源，再放入洗涤剂；重新接通电源，可提高洗涤剂利用率 20%。

(2) 加温洗涤可充分激发生物酶的活性，有效减少洗涤剂用量，节约洗涤剂。

(3) 根据洗涤衣物多少，投入适量洗涤剂。

4.如何使衣物洗得更干净

(1) 加温洗涤。

(2) 预洗：较脏的衣物可从预洗开始洗涤。

(3) 预处理：衣领、袖口等较脏的部位，喷洒少许衣领净。

(4) 浸泡：深脏度衣物可选好程序预洗一会儿，再断开电源浸泡几个小时后，接通电源重新洗涤，可使洗涤效果更佳。

(5) 采用低泡洗衣粉：因高泡洗衣粉泡沫太多（尤其在加温洗涤时），使洗涤、漂洗作用大大减弱，采用低泡沫洗衣粉，洗涤可发挥最大作用，使衣物更干净。

5.如何使洗后衣物柔软蓬松

(1) 软化剂软化：洗涤时，加入软化剂软化衣物。

(2) 加温洗涤：有效软化衣物纤维，保护衣物，使洗后的衣物更柔软、更蓬松。

6.如何使洗后的衣物保持清香

在洗衣前放入少量的漂白剂、香料等，使洗后的衣物不仅洁白干净，而且香味宜人。

一般人的洗衣习惯是将衣物攒到一周后进行洗涤，这样衣物容易变味、霉生细菌。洗衣机用完后，可用抹布将内筒各部位擦干净，并使机门微开，可保持机内干净无异味。

三、滚筒式洗衣机的维护

1.润滑

为使洗衣机长期运转正常，必须按时认真进行正确的润滑、维护、保养，需要润滑的地方主要是轴承和齿轮，轴承需由注油孔注入抗磨性和抗氧化安定性好的 L-TSA22 号防锈、抗氧化润滑油，一般每 2~3 年加油一次，如果用一般机械油则需每年加油一次。齿轮则应用黏附性好的 2 号极压锂基润滑脂，或油性好的质量分数为 1%的二烷基二硫代磷酸锌，或质量分数为 3%的二硫化钼，L-CKC100 中负荷齿轮油进行润滑。甩干机的轴承和齿轮都应每年或半年加入抗氧化、防锈、抗磨性好的 L-AN15 和 L-AN68 号润滑油。用密封滚动轴承的，则应由轴承厂封入使用寿命在 1 000 h 以上的聚脲基稠化精制石油润滑油，并加防锈、抗氧化的 2 号极压锂基润滑脂。

2.机槽污染

家用的全自动洗衣机，一般都是由不锈钢内筒、外筒相套组成，内、外筒的夹层被称为洗衣机槽。有关研究指出，洗衣机运行时，水就在槽里来回流动，时间一长，槽里便会附着大量的污垢。年复一年，洗衣机内壁已经存在大量的细菌，随着洗衣服次数的增加而增加。一些菌种即使通过晾晒也不一定消灭得了，所以我们一定要警惕洗衣机对衣物的“二次污染”。

3.清洗、消毒方法

常见的清洗方式有两种，一是请专业维修工人拆卸洗衣机槽进行清洗，这种方式成本较高也比较麻烦；另一种是使用专业的高除菌率的洗衣机槽清洁剂进行清洗，去污、除菌一步完成，操作简单有效。

4.使用机槽清洁剂清洗机槽

市场上已经有了各种品牌的洗衣机槽清洁剂，不过由于市场较混乱，各种产品的质量参差不齐，建议消费者选购带有权威机构认证的高除菌率产品。滚筒式全自动洗衣机（洗衣机容量 3~9 kg）：第一步，将一袋清洁剂倒入洗衣机筒内；第二步，关上洗衣机侧门，跳过预洗设定，直接选主洗程序，加水后，洗衣机运转 5 min 左右，使清洁剂全部溶解；第三步，关闭电源，浸泡 1 h；第四步，按照日常洗涤标准模式清洗一遍（洗涤—漂洗—脱水）即可。

5.使用时的建议

(1)至少每两个月定期清洁一次洗衣机槽。

(2)换季或洗衣频繁的季节适当增加清洁频次。

四、滚筒式洗衣机的常见故障及维修

1.进水程序结束，洗衣机不洗涤

维修过程：接通电源开关、将温控旋钮旋至冷洗状态，试机。

(1) 如果不洗涤，按如下步骤进行检修。

①关闭电源，拆下洗衣机后面的风窗及上盖板。

②检查水位压力开关、程控器、电动机、调速板的连接器和端子是否可靠，线束是否有断开现象，排除后试机运行。问题仍然存在，则进行下一步检修。

③检查水位压力开关：拆下水位压力开关，拔掉线束上与水位压力开关插片连接的 11、14 端子，用万用表的电阻挡检测两个端子间是否为通路。不通则更换水位压力开关(更换水位压力开关时，注意端子号的对应插接)；通路则进行下一步检修。

④检测调速板：拆下调速板安装盒，取出调速板，检测保险管，如果保险管烧坏则更换保险管；如果试机后故障仍然存在，则更换新调速板；再次试机，如果故障仍存在，进行下一步检查。

⑤如果洗衣机采用双速电动机，需检测电容器，取下电容器，用万用表电阻挡检测电容器两个插片间的电阻，如果指针大幅度摆动，摆向电阻为零的位置后，又慢慢摆回电阻值很大的位置，则电容器为正常，出现其他现象为不正常，需更换电容器，试机。如果故障仍存在，进行下一步检查。

⑥更换电动机后，试机运行。

（2）如果冷洗涤正常，则故障在加热电路，按如下步骤进行检测。

①检测加热管：拔掉加热管上的线束端子，用万用表电阻挡检测两个端子间的通断，断路则加热管损坏，更换加热管，试机；通路为正常，进行上述操作后，故障仍存在，进行下一步检修。

②检测温控开关的通断：40℃温控开关为常开，60℃温控开关为常闭。不符合温控开关的状态则为温控开关损坏，更换温控开关。符合为正常，进行上述操作后，故障仍存在，进行下一步检修。

③检测可调温控器：从控制面板上拆下可调温控器，在冷洗状态，拔掉 THRC 和 THR2 端子，检测两个端子间的通断情况，通路为正常，断路为故障，更换可调温控器；在热洗状态，拔掉THRC和 THR1 端子，检测两个端子间的通断情况，通路为正常，断路为故障，更换可调温控器。

④进行上述操作后，故障仍存在，更换程控器。

2.洗衣机排水速度慢或不排水

（1）出现洗衣机不排水故障，首先应检查排水系统是否堵塞，然后检查电气系统。

（2）检查洗衣机右下方的排水滤清器是否被绒毛及污物堵塞。如有堵塞，应进行清理。

（3）检查并清理波纹管与排水滤清器连接管、排水滤清器和排水管路中的污物。

（4）检查排水泵冷却风扇是否被杂物缠绕或阻挡，使风扇不能转动而阻止了排水泵的转动。

（5）排水泵受潮生锈，造成转子不能转动，致使排水泵不能排水。排除方法是：将排水泵拆下，清除锈斑，添加润滑剂，即可消除故障。

（6）检查排水泵两根导线是否脱落，排水泵与电磁进水阀之间的导线是否损坏，如果与排水泵相接的导线完好，则要用万用表测量排水泵的直流电阻，如果测得电阻为无穷大或为零，则排水泵线圈断路或短路（正常值为 28Ω）。也可用万用表的电压挡测量排水泵两个接线端子间的电压，如果电压为 220 V，则排水泵损坏，此时应更换排水泵。

3.洗衣机未按洗涤程序工作

依次从内桶取下盖板，将程序设置为“1”的位置，取下上盖板，拆下分配器连杆，对正分配器连杆与喷嘴导杆间齿轮啮合位置（分配器连杆超出喷嘴导杆一个齿牙），安装好分配器连杆。故障排除，试机。

4.洗衣机不脱水或脱水转速过低

在正常情况下，排水完毕，压力开关复位，洗衣机自动进入脱水程序。如果不能进行脱水，应从下面几方面找出原因。

(1) 排水系统堵塞，盛水桶内的洗涤液不能排出，或者盛水桶内因泡沫过多，桶内的洗涤液一时难以排净，水位开关不能复位，洗衣机不进入脱水程序。

(2) 水位开关不能复位。洗衣机脱水程序是在洗涤液排净后，水位开关复位的条件下开始的。如果水位开关不能复位，脱水电路不接通，洗衣机不脱水。检查时，打开洗衣机上盖，用万用表电阻挡测量水位开关的常闭触点是否接通，若触点 11-12、21-22 不通，则水位开关不能复位。

(3) 电动机插头松脱。由于滚筒式洗衣机连接导线都采用接插件，因此在运输过程中，由于震动等原因造成电动机插头松脱或插片在安装时被顶出的现象。若插头松脱，应重新插紧并用捆扎线绑紧，以防再次脱落。

(4) 电动机热保护器动作。由于过载、堵转等原因，使电动机发热，电动机热保护器动作，洗衣机不脱水，此时只要待热保护器复位后即可使用。

(5) 取下风窗，检查皮带的松紧程度，如果较松，则取下皮带，松动电动机的紧固螺丝，向下拉动电动机至合适位置，固定紧固螺丝，上皮带。此时，对 XQG50-5、XQG50-6 型洗衣机，设有不脱水键，洗衣机不脱水，首先应检查不脱水键是否按下，若按下此键，洗衣机具有防皱功能，不对洗涤物进行脱水，只要抬起不脱水键，洗衣机可进行脱水。

5.运行干衣程序，洗衣机不干衣或干衣效果不好

(1) 烘干定时器故障：确认洗衣机处于干衣工作状态，取下旋钮，拆下烘干定时器，用万用表电阻挡检测端子间的通断情况，如果不通则为故障，更换烘干定时器；如果通则正常。进行上述操作，故障仍存在，则进行下一步操作。

(2) 烘干机故障：用万用表电阻挡检测烘干机加热管两个端子间是否为通路。不通则为故障，更换烘干机。如果通则正常，进行上述操作，故障仍存在，则进行下一步操作。

(3) 温控开关故障：取下温控开关，用万用表电阻挡检测温控开关两对端子间的接通情况，通则正常，不通为故障，更换温控开关。

(4) 烘干机的风扇故障：打开机门，检查烘干机的出气孔是否有气体吹出，从而可断定烘干机风扇是否正常。不正常则更换烘干机。

(5) 烘干机进水管路故障。

①检查水源是否有水。

②进水电磁阀及进水管路是否有堵塞现象。

③检查进水电磁阀是否正常工作。

(6) 冷凝器节流阀故障：将冷凝器排水管从外桶后盖拔出，检测流量，流量应保证在 0.3 L/min 以内。超出为故障，换节流阀。

(7) 排水泵故障：如果排水泵损坏或排水泵及排水管路堵塞，洗衣机内的水不能及时排出，烘干时，也会造成洗衣机不烘干或干衣效果不好的现象，此时应清理排水泵故障。

(8) 程控器故障，更换程控器。

五、任务评价表

评价项目	项目评价内容	配分(分)	评分标准	得分(分)
知识考核	掌握滚筒式洗衣机的工作原理	30	工作原理叙述不全,每漏一处扣 5 分	
操作考核	滚筒式洗衣机的使用方法	40	操作步骤错误,每错一处扣 5 分	
	滚筒式洗衣机的日常维护	20	操作错误,每错一处扣 5 分	
	安全操作	10	违反安全文明操作要求，每违反一次扣 2~4 分	
总分				

学生（签名）：　　测评教师（签字）：　　时间：

自我测试

(1) 滚筒式洗衣机的工作原理是什么？

(2) 简述滚筒式洗衣机的主要技术参数。

(3) 简述滚筒式洗衣机的使用技巧。

(4) 简述滚筒式洗衣机的日常维护。

项目四 电冰箱、空调器

知识目标

(1) 了解单级蒸汽压缩制冷循环系统的原理、结构及各部件的作用。

(2) 了解常用制冷设备的结构。

技能目标

(1) 掌握专用制冷维修工具的使用方法。

(2) 掌握电冰箱的故障现象及维修方法。

(3) 掌握空调器的安装、故障现象及维修方法。

任务一 制冷基础知识

任务描述

本任务主要了解制冷基础知识，并要求掌握单级蒸汽压缩制冷循环系统的构成及其作用。教学现场应提供多媒体讲桌，电冰箱或者空调器制冷系统组件。

任务实施

一、物质的物理性质及基本状态参数

1.物质的三态

固态、液态及气态，三态之间是通过吸热或放热来完成其状态转化的。

(1)固态：该种状态下，物质的分子间引力比其他两种状态大，且分子间的距离最小。固体具有一定形状。

(2) 液态：液态物质的分子间引力较小而间距较大。分子间可相互移动，因此液体具有流动性而无一定的形状。

(3) 气态：与上述两种状态相比较，气态物质的分子间距离最大而分子间引力很小，分子间无相互约束，不停地进行着无规则的运动。因此，气体无形状，无固定形状。

物质的状态取决于分子之间引力的大小和其热运动的强弱。

2.基本状态参数

热力学中常见的基本状态参数有热力学温度 T、压强 p、密度 ρ 和体积 V 等。

(1) 温度：描述热力学系统冷热程度的物理量。热力学温度的符号用 T 表示，单位为 K（开)。热力学温度与摄氏温度之间的关系为：

$$t=T-273\text{K} \text{ 或 } T=273\text{K}+t \qquad t \text{ 为摄氏温度，℃。}$$

(2) 压强：$p=\dfrac{F}{S}$。

F 为整个边界面受到的力，N；

S 为受力边界面的总面积，m^2。

绝对压强、表压强和环境大气压强之间的关系为：

$p=p_{amb}+p_e$（正压)；$p=p_{amb}-p_e$ (负压)

p_{amb} 为环境大气压强；p_e 为表压强。

(3) 比体积和密度：系统中工质所占有的空间称为工质的体积。而单位质量所占有的体积称比体积，用 v 表示，单位为 m^3/kg。比体积是决定压缩机制冷量的重要参数，与工质密度互为倒数。

二、热力学定律及应用

1.热力学第一定理

热力学第一定理又称能量守恒及转换定律，即能量既不能被创造也不能被消灭，只能从一种形式转换成另一种形式，或从一个系统转移到另一个系统。

2.热力学第二定理

(1) 在自然条件下，热量只能从高温物体向低温物体转移，而不能由低温物体自动向高温物体转移。即在自然条件下，这个转变过程是不可逆的，必须消耗功才能使热传递方向倒转过来。

(2) 任何形式的能都会很容易地变成热，而反过来热却不能在不产生其他影响的条件下完全变成其他形式的能，这种转变在自然条件下是不可逆的。热变为机械功，一定伴随有热量损失。

①热量的定义：热量是系统与外界之间通过界面传递能量的一种方式，单位 J (焦耳)。

A.热量是能量在传递过程中的一种表现形式。

B.热量与热力学过程有关，当热量传递给系统，即系统吸热时符号为正号，反之取负。

②热量传递的方式。

A.热传导　　B.热对流　　C.热辐射

三、制冷技术中常用的热力学名词

1.显热和潜热

(1)显热：物质分子的内能变化而物质形态不变，这一过程吸收或放出的热能称之为显热。

(2)潜热：物质分子的内能变化时，仅物质的状态发生改变，温度不发生变化，这一过程中物质吸收或放出的热能称之为潜热。

2.汽化与液化

(1)汽化：物质由液体转变成蒸汽的过程就是汽化过程。

(2)液化：液化与汽化是相反的过程。

3.饱和温度和饱和压强

某种液体沸腾时所维持不变的温度称为沸点，热力学中又将其称为在某一压强下的饱和温度。饱和温度与饱和压强一一对应，压强升高，饱和温度升高。不同液体，同压强下饱和温度不同。

4.过热与过冷

(1)过热：过热度即过热蒸汽的温度与饱和温度之差。

(2)过冷：过冷也有过冷度的概念，过冷液体的温度比液体饱和温度所低的数值，称为制剂液体的过冷度。

5.临界温度和临界压强

压强增加，气体的液化温度随之升高，温度升高到某一数值时，气体的液化温度与压强之间就不是正比的关系了，即使再增大压强也不能使气体液化，此时的温度就叫作临界温度；与临界温度对应的压强被称为临界压强。

四、单级蒸汽压缩制冷循环系统

1.制冷的实质

制冷实际上是指用人工的方法在一定的时间和一定的空间内将固体和流体冷却，使其温度降到环境温度以下，并保持这个低温。

2.各种制冷方法

(1)通过相变实现制冷，如图 4-1-1 所示。

①蒸汽压缩式制冷。

②蒸汽吸收式制冷。

③吸附制冷。

(2)热电制冷（帕尔贴效应）。

(3)磁制冷（磁热效应）。

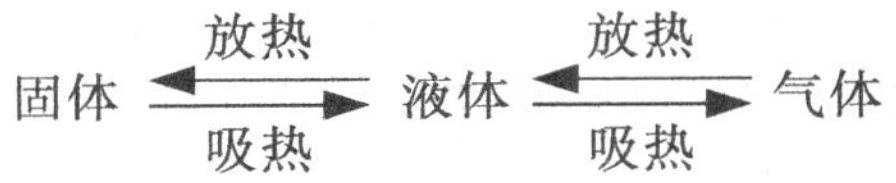

图 4-1-1　相变（物态变化）的过程及热力学条件

①蒸汽压缩制冷循环分类。

单级：完成一个循环过程中只经过一次压缩，称为单级压缩制冷循环。

双级：完成一个循环过程中经过两次压缩，称为双级压缩制冷循环。

多级：完成一个循环过程中经过三次或者三次以上压缩，称为多级压缩制冷循环，又称为复叠式压缩。

②单级蒸汽压缩制冷循环系统的工作原理图，如图 4-1-2 所示。

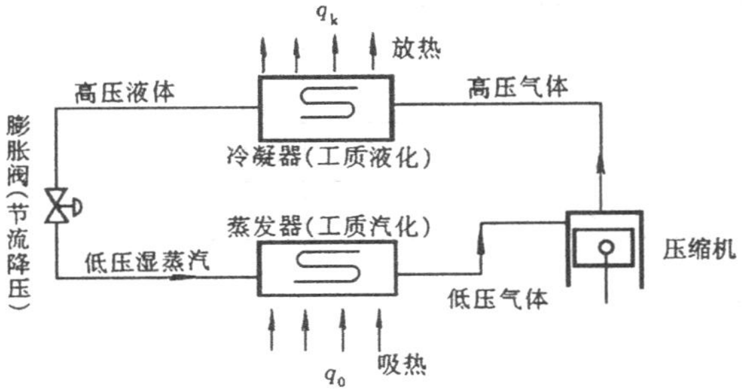

图 4-1-2　单级蒸汽压缩制冷循环系统的工作原理图

③制冷系统组成：压缩机、冷凝器、膨胀阀（节流阀）、蒸发器及它们之间的连接管路等。

④单级蒸汽压缩制冷循环系统的工作过程：制冷循环包括绝热压缩、等压冷凝、等焓节流、等压蒸发四个过程。

⑤单级蒸汽压缩制冷循环系统主要设备的作用，见表 4-1-1。

表 4-1-1　单级蒸汽压缩制冷循环系统主要设备的作用

设备名称	压缩机	冷凝器	节流阀	蒸发器
作用	吸入工质气体，提高压力，创造放热而液化的条件	将工质蒸汽液化	降低液态工质的压力	由工质蒸发潜热(汽化热)而产生冷却作用

⑥各设备出口处制冷剂的状态变化，见表 4-1-2。

表 4-1-2　各设备出口处制冷剂的状态变化

设备名称	压缩机	冷凝器	节流阀	蒸发器
状态	气态	液态	液态	气态
压强	高压	高压	低压	低压
温度	高温	低温	低温	高温

五、任务评价表

评价项目	项目评价内容	配分(分)	评分标准	得分(分)
知识考核	掌握制冷设备的主要组成部分及作用	50	组成部分不全，每漏一处扣 5 分	
	常用制冷设备的工作原理	15	常用制冷设备的工作原理 15 分	
操作考核	常用制冷设备主要部件的识别	25	识别组成部件，每错一处扣 5 分	
	操作安全	10	违反安全文明操作要求，每违反一次扣 2~4 分	
总分				

学生（签名）：　　　　测评教师（签字）：　　　　时间：

自我测试

（1）以生活中的例子说明物态变化的过程及条件。

（2）简述单级蒸汽压缩制冷循环系统的组成、工作过程及制冷剂的物态变化过程和条件。

（3）简述日常生活中不同的人工制冷的应用及区别。

任务二　电冰箱的组成、结构和型号

任务描述

本任务主要了解电冰箱基础知识，并要求掌握电冰箱的组成及其作用。教学现场应提供多媒体讲桌，电冰箱或者电冰箱制冷系统组件。

任务实施

一、电冰箱的发展简介

1918 年美国的凯尔维内特推出第一台压缩式制冷的家用电冰箱，1927 年美国通用电器公司生产世界上第一台封闭式压缩机的家用电冰箱，1930 年氟利昂制冷工质的出现和氟利昂制冷机的使用使电冰箱技术开始有了突破性的进展。

第二次世界大战后，电冰箱工业随世界经济的发展而迅速发展起来，形成一批世界知名的电冰箱生产企业，如美国的惠而浦、通用电器，瑞典的伊莱克斯，德国的西门子等。

中国的电冰箱工业起步较晚，20 世纪 50 年代开始生产电冰箱。20 世纪 70 年代末，电冰箱工业进入快速发展时期，经过优胜劣汰，海尔、容声、新飞等成为中国电冰箱工业的领头羊。进入 90 年代末，随着一些强势家电企业如康佳、TCL、荣事达等介入电冰箱行业，电冰箱行业得到了更快的发展。

二、电冰箱的分类

1.电冰箱按用途分类，如图 4-2-1 所示

D——冷冻箱

C——冷藏箱

CD——冷藏、冷冻箱或双温冰柜

C/D——可转换型冷藏、冷冻箱，即单温冰柜

冷冻箱

冷藏箱

冷藏、冷冻箱

双温冰柜

图 4-2-1　常见电冰箱

2.电冰箱按门体结构分类

可分为单门电冰箱，双门电冰箱，多门电冰箱（三门或三门以上的电冰箱），对开门电冰箱。

3.间室按作用分类，如图 4-2-2 所示

冷藏室：用以储存不需冷冻的食品，温度在 0~10℃之间。

变温室：温度可在一定范围内调整、设定、变化的间室。

制冰室：专门用于冻结和制取冰块。

冷冻室：用于储藏冷冻食物。

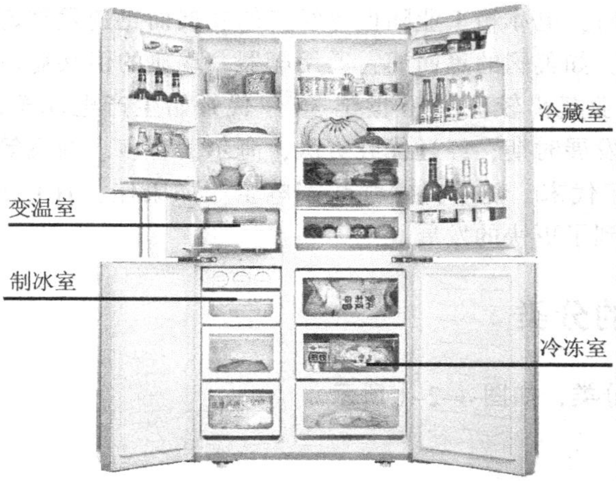

图 4-2-2　电冰箱的间室分类

三、电冰箱的型号

1.电冰箱的型号

电冰箱型号的含义为：

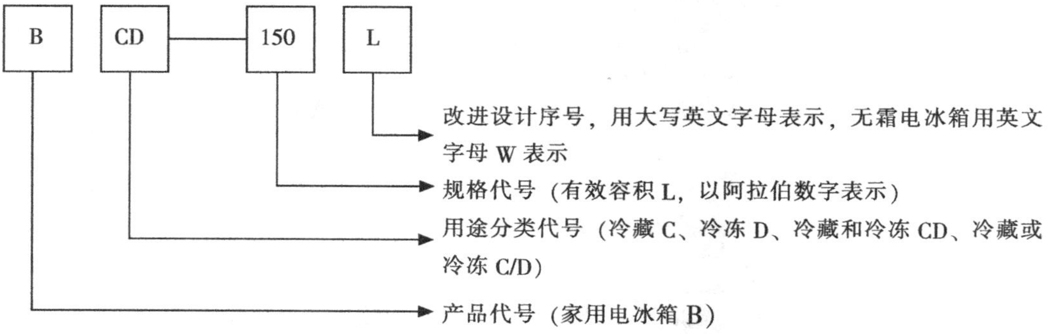

2.电冰箱的星级符号

电冰箱的星级符号表示该电冰箱冷冻部分储藏温度的级别。

一个星表示按规定的试验条件和方法测得的冷冻室内储藏温度应达到-6℃以下。依次类推。

四个星表示按规定的试验条件和方法测得的冷冻室内储藏温度应达到-18℃以下，并具有对一定量试验包或瘦牛肉（至少 4.5 kg/100 L）的冷冻能力。

四、电冰箱常见名词术语及技术性能

1.毛容积、有效容积、额定有效容积

(1)毛容积：电冰箱门（或盖）关闭，内壁所包围的容积。如果有强制空气冷却装置，则计算毛容积时应从中减去风道、蒸发器、风扇及其他附件所占据的空间容积。

(2)有效容积：从毛容积中减去各部件所占据的容积和那些认定不能用于储藏食品的空间后所余的容积。

(3)额定有效容积：由制造厂标出的有效容积。有效容积的测算值不应小于额定有效容积的 97%。

2.绝缘阻值

电冰箱通电工作时，它的箱体部分不应带电，即人体接触到箱体金属部分时不能有触电的感觉。电冰箱的绝缘电阻不应小于 2 MΩ。

3.耗电量、额定耗电量

耗电量：按规定的环境温度和试验方法，电冰箱在稳定运行状态下运行 24 h 的耗电量。

额定耗电量：由制造厂标出的耗电量。实测耗电量不应大于额定值的 100%。

4.冷冻能力、额定冷冻能力

(1)冷冻能力：在规定的条件下，24 h 内使试验包（或瘦牛肉）温度从 25℃或 32℃降到-18℃时试验包（或瘦牛肉）的质量。

(2)额定冷冻能力：由制造厂标出的冷冻能力。实测冷冻能力不应小于额定值的 85%，也不应低于冷冻能力的最低限值。

5.冷却速度

在环境温度为 32℃时，电冰箱内不放置物品，把温控器调到最大位，当冷藏室温度≤5℃，且冷冻室温度达到星级要求，压缩机连续运转时间不超过 3 h，则说明它的冷却速度正常。

6.噪声

按规定的方法进行测定，250 L 以下的电冰箱，其噪声不应大于 52 dB；250 L 以上的电冰箱，其噪声不应大于 55 dB。

7.震动

电冰箱放平稳后，通电使压缩机运转，不应有明显的震动感，其震动速度的有效值不大于 0.71 mm/s。

8.气候类型

电冰箱的气候类型指电冰箱使用时对环境温度的要求，主要包括以下几种。

N	温带	16~32℃	SN	亚温带	10~32℃
T	热带	18~43℃	ST	亚热带	18~38℃

五、电冰箱的主要组成和结构

电冰箱主要由箱体、门体、制冷系统、电气系统及附件五部分组成。

1.箱体和门体

箱体、门体根据不同的温度要求组成若干间室，与外界空气隔绝并分别保持一定低温。箱体、门体由箱壳、箱胆、门壳、门胆等结构件和绝热材料组成。

(1) 箱壳、门壳。

一般由 0.4~0.8 mm 的冷轧钢板做成，表面经磷化与喷塑（或喷漆）处理。为了美观，门壳多用彩板，有的电冰箱已经使用拉丝板。

(2) 箱胆、门胆。

一般用厚 1.2~5 mm 的 ABS 板或 HIPS 板经真空成型做成。箱胆也有用铝板做成的，这种箱胆强度比塑料好，但耐腐蚀性不如塑料。

(3) 隔热层。

过去电冰箱的隔热层都用玻璃棉充填，现在电冰箱隔热层都用聚氨酯发泡塑料。聚氨酯发泡塑料是在异氰酸酯、聚醚的聚合反应中，加入发泡剂发泡而成。

发泡剂过去都采用 R11，这种发泡剂对大气层的臭氧层有较大的破坏作用。现在的发泡剂逐渐改为 R141b 或环戊烷，这两种发泡剂都是环保发泡剂。

(4) 门铰链。

箱体和门体由门铰链连接在一起。单门电冰箱有上、下两个门铰链，双门电冰箱有上、中、下三个门铰链。门铰链上一般都加一个限位机构和一个自锁机构。

(5) 门封条。

防止电冰箱内冷气外泄和外界热气侵入，在门体的内壁四周装有磁性门封条，依靠磁条的磁力，将门与箱体铁皮紧紧吸住。门封条是用软质聚氯乙烯挤塑成条，将磁性胶条穿入塑料门封条的空心管里，四角热黏合而成。

2.制冷系统

电冰箱的制冷系统由压缩机、冷凝器、干燥过滤器、毛细管和蒸发器组成，制冷系统利用制冷剂的循环进行热交换，将电冰箱内的热量转移到电冰箱外的空气中去，达到使电冰箱内降温的目的。

(1) 压缩机。

家用电冰箱的压缩机一般为全封闭压缩机。它的全称为“电冰箱用全封闭型电动机—压缩机”，它实际是将压缩机与电动机全部密封在机壳内。

①压缩机的作用。

压缩机是制冷循环系统的“心脏”，它的作用是在电动机的带动下，输送和压缩制冷剂蒸汽，使制冷剂在系统中进行制冷循环。当压缩机的电动机带动曲轴做旋转运动时，连杆将旋转运动转化为活塞的往复式运动。活塞在气缸中所做的往复运动，可分为吸气、压缩、排气和膨胀四个工作过程。

②压缩机的组成。

压缩机由曲轴、连杆组件、活塞、气缸、机体、转子和定子等部件组成。

③压缩机冷冻油的作用。

润滑作用：减小机器运动部件的磨损，延长机器的使用寿命。

降温作用：冷冻油在制冷压缩机内不断循环，带走制冷压缩机摩擦件相对运动过程中所产生的热量，使机器保持较低的温度，从而提高制冷剂压缩机的效率及使用的可靠性。

密封作用：冷冻油在压缩机运动部位起着密封作用，防止制冷剂的泄漏。

④压缩机冷冻油的性能指标。

冷冻油的性能和质量直接影响着制冷压缩机的工作和运行。因此，了解冷冻油的性能和牌号，正确选用冷冻油就显得十分必要。国产的冷冻油按其50℃时的运动黏度分为13，18，25，30，40这5个牌号。不同牌号的冷冻油不能混合使用，但可以代用，其原则是高牌号可以代替低牌号冷冻油。

(2) 冷凝器。

①冷凝器的作用。

冷凝器又称为散热器，是电冰箱制冷系统中主要的热交换设备。冷凝器的作用是将压缩机排出的高温、高压制冷剂蒸汽，在冷凝器里经过热量的传递，向周围空气散热，使制冷剂蒸汽冷却，然后液化成液体。

防露管既起到了冷凝器的作用，又使冷冻室门口周围温度升高，防止冷冻室门口周围凝露。

②冷凝器的组成。

翅挂式冷凝器由左冷凝器、防露管、右冷凝器组成。左、右冷凝器由铝箔粘胶带粘贴在箱体的左、右侧板上，防露管则安装在冷冻胆框四周。

丝管式冷凝器是用钢丝点焊在邦迪管上，再经防锈处理而成。

(3)毛细管。

①毛细管的作用。

毛细管有两个作用：其一为保持冷凝器制冷剂和蒸发器制冷剂之间有一定的压力差，以保证制冷剂蒸汽在冷凝器内有较高的压力，从而使制冷剂蒸汽在冷凝器内散热，冷凝成液体；保证制冷剂液体在蒸发器内有较低的压力，从而使制冷剂液体在蒸发器内吸热，蒸发成气体。其二为控制制冷剂流量。如果毛细管阻力大，制冷剂流量小，制冷量少，蒸发温度低；如果毛细管阻力小，制冷剂流量大，制冷量大，蒸发温度高。

②毛细管是一根细而长的紫铜管。内径一般为0.5~1 mm，长度为2~4 m不等。铜管的导热性能良好。

(4)蒸发器。

①蒸发器的作用。

蒸发器是电冰箱制冷系统中的产冷部件，俗称冷源。蒸发器的作用：将毛细管降压后的制冷剂气液混合体（气、液比例约为1:9）进入蒸发器，在低压下蒸发，由液体变成气体，经蒸发器吸收箱内的热量，达到制冷的目的。蒸发器内制冷剂的蒸发温度越低，冷却周围物体的能力越大，而它的蒸发面积是由压缩机的产冷量决定的。

②蒸发器的组成。

上置冷冻室电冰箱：冷冻室蒸发器一般为板管式蒸发器，板为冷冻室内锅，材质为铝板。有一些管为铝管，有一些管为铜管，用导热胶膜贴在内锅背面。冷藏室蒸发器为板管式蒸发器，蒸发器板贴在冷藏胆背面。管为铜管，用铝箔粘胶带贴在蒸发器板上。

下置冷冻室电冰箱：冷冻室蒸发器为丝管式蒸发器，将钢丝点焊在邦迪管上，做成层架（用于放抽屉），并做防锈处理。冷藏室蒸发器为板管式蒸发器，蒸发器板贴在冷藏胆背面。管为铜管，用铝箔粘胶带贴在蒸发器板上。

(5)干燥过滤器。

①干燥过滤器的构成。

干燥过滤器外壳为铜管，直径为16 mm左右，长100~150 mm，铜管两端缩口，铜管两端里面装有铜丝过滤网，中间装有分子筛。

②干燥过滤器的作用。

干燥过滤器安装于冷凝器与毛细管之间，用以吸附制冷系统中的水分，以防止发生冰堵，同时还起到过滤作用，防止杂质、碎物等进入毛细管引起脏堵。

(6)制冷剂。

①制冷剂的作用。

制冷剂是指在制冷系统中实现制冷循环的工作介质。在压缩式制冷循环系统中，利用制冷剂的相变传递热量，即制冷剂在蒸发过程吸热，在冷凝过程放热。

②制冷剂的种类。

电冰箱所用制冷剂主要有四类：R12、混合工质（R152a/R22）、R134a、R600a。

3.电气系统

电气系统的主要作用是将箱内的温度控制在一定的范围内，以保证冷藏、冷冻的需要。

(1) 机械式温控电冰箱电气系统。

①温控器。

温控器对电冰箱内温度的控制是通过控制压缩机的开停来实现的。直冷式电冰箱的温控器一般放在冷藏室内，通过制冷系统来控制冷冻室温度。

②温度补偿开关及温度补偿加热器。

温度补偿加热器由电阻丝外覆绝缘层构成。当环境温度低于10℃时，冷藏室温度容易达到，此时停机时间很长，制冷系统是单一系统，冷冻室温度就达不到-18℃。（当环境温度低于4℃时，冷藏室温度低于温控器开机点，压缩机就不会启动。）

③启动继电器。

电冰箱启动继电器现在常用PTC启动继电器。PTC是一种半导体晶体材料，具有正温度系数的电阻特性。这种PTC，在环境温度100℃以下，不带电的情况下，呈低电阻（约22 Ω），通电后元件温度瞬间急剧上升，电阻增大，使启动绕组断路。压缩机靠主绕组的电流运行。

④过载保护继电器。

过载保护继电器是用来防止压缩机过载和过热导致烧毁电动机而设置的。电冰箱压缩机一般采用碟形保护器。该保护器串联在压缩机的主线路中，当电路因电流过大时，与之相连的电阻丝会发热，使相邻双金属片受热变形，向上弯曲而断开电路，从而保护压缩机不被烧毁。由于保护器紧压在压缩机外壳上，所以双金属片又能感受机壳温度，若压缩机工作不正常，机壳温度过高，双金属片也会受热弯曲而断开电路，因此该保护器有双重作用。

(2)电脑温控电冰箱电气系统。

①双温双控电冰箱控制原理。

在冷藏室、冷冻室、冷藏室背部各放一个感温探头来感受冷藏室、冷冻室、冷藏室背部的温度，电脑控制器将这些温度与按键输入的温度值进行运算比较，通过控制压缩机的开、停和电磁阀的通断分别控制冷藏室、冷冻室的温度以及冷藏室的化霜。

②四点感温电脑控制电冰箱。

在冷藏室、冷冻室、冷藏室背部和电冰箱顶部各放一个感温探头来感受冷藏室、冷冻室、冷藏室背部和环境的温度，电脑控制器将这些温度与按键输入的温度值进行运算比较，通过控制压缩机和加热器的开停控制电冰箱的温度和冷藏室的化霜。由于这种电脑控制电冰箱没有电磁阀，它不能分别控制冷藏室、冷冻室的温度，但由于有环境感温头，它能根据环境温度自动调整电冰箱的温度设置。

4.附件

上置冷冻室：冷冻室搁架为钢丝搁架，冷藏室搁架和果菜盒为平面钢化玻璃，门搁架为 PS（聚苯乙烯）塑料搁架。

下置冷冻室：冷冻室抽屉为 ABS（丙烯酯-丁二烯-苯乙烯）不透明抽屉或为 AS（丙烯酯-苯乙烯）（也有 PS）透明抽屉，冷藏室搁架和果菜盒为平面钢化玻璃，门搁架为 PS 塑料搁架。

六、任务评价表

评价项目	项目评价内容	配分(分)	评分标准	得分(分)
知识考核	掌握电冰箱的构造	30	组成部分不全，每漏一处扣 5 分	
	识别电冰箱的型号	20	型号、参数的含义，每错一处扣 4 分	
操作考核	电冰箱的拆卸与装复	40	(1)识别组成部件，每错一处扣 5 分 (2)操作步骤错误，每错一处扣 3 分	
	安全生产	10	违反安全文明操作要求，每违反一次扣 2~4 分	
总分				

学生（签名）：　　　　测评教师（签字）：　　　　时间：

自我测试

(1) 列举生活中常见的电冰箱类型并写出相应的型号。

(2) 说明电冰箱的组成及各组成部件的作用。

任务三　电冰箱的维护及维修

任务描述

本任务主要认识制冷系统专用维修工具，要求能根据电冰箱的故障现象大致判断故障部位，并对故障部位进行检测和简单修理。教学现场应提供制冷系统专用维修工具一套、电冰箱整机一台。

任务实施

一、电冰箱的维护

在使用电冰箱的过程中，注意维护保养，这对于食品的保鲜和延长电冰箱的使用寿命都有重要意义。如果正确使用和精心保养，电冰箱一般可以连续使用10~15年而不出故障。

(1) 电冰箱外表面和各种附件应经常保持干燥、清洁，定期用中性清洁剂与温水搅拌后以软布擦洗，再用清水洗净、擦干。箱体外表可打上光蜡，切忌用热开水、去污粉或碱水、汽油等有腐蚀性的溶液擦洗，勿用硬刷子洗刷，也不要用水冲淋电冰箱，以免表面零件生锈、隔热层受潮，造成漏电事故。清洗电冰箱时，必须切断电源。

(2) 电冰箱背后的冷凝器和压缩机表面应保持清洁，经常清扫上面的灰尘，可用软刷和吸尘器除尘，以提高散热效能，降低电耗。

(3) 使用中应避免化霜水、果汁、菜汤等液体流在箱壳的下前梁表面上，或流进与箱壳相接的缝隙里，造成锈蚀，使箱体过早报废。

(4) 电冰箱门口与门封条之间要经常用软布擦洗干净。注意门封条不要吸附上铁屑等铁质金属物，以免使门封条损坏而产生漏气现象。

(5) 梅雨季节，空气中湿度较大，箱体表面如果有凝露现象，这是正常的，可用干净软布擦去即可。

(6) 电冰箱内严禁存放强酸、碱和易挥发、易燃、易爆物品 (如乙醚、汽油、油漆、甲苯及涂料等)，以免腐蚀箱体或引起爆炸事故。

(7) 如果电冰箱长期停用，须将箱内外擦净、晾干，箱门略留缝隙，放置在清洁、干燥、通风的室内。在停用存放期间，每隔一两个月接通电源一次，使压缩机正常运转 0.5~1 h 后再关机。

(8) 经常检查制冷系统的焊口有无油污和开裂现象。如果发现异常现象，应及时修理。

(9) 当移动电冰箱时要设法托住箱体底部，使箱体直立，慢慢移动，不可倒下或倾斜 45°进行搬移，也不可直接扳住拉手或冷凝器移动，以免损坏。如果搬运较远路程时，应细心包装，不可横倒或倾斜，不得剧烈震动。

(10) 电冰箱最好是四季常用，因为电冰箱停用后，箱内的温度和周围的环境温度一致，箱内塑料配件的老化速度将会比低温状态下快。

(11) 电冰箱压缩机的正常工作电压为 187~242 V，当电网电压太高，压缩机工作电流过大，长时间工作，会使线圈发热而被烧坏。在用电高峰时，电网电压低于这个范围，同样也会使压缩机电流增大、线圈发热而被烧坏。因此，居住在电网电压波动较大的地区，用户可选配交流电源稳压器，或优质的带稳压功能的电冰箱保护器。

(12) 电冰箱不要带“病”工作。特别是遇到电冰箱“不停机”的情况，一定要停止使用，及时送往维修部门修理。

二、常用检修仪表

1.万用表

万用表是一种多量程和多种功能的便携式复用电气测量仪表。在电冰箱的检修工作中，万用表主要用来测量电流（直流或交流）、电压（直流或交流）和电阻。

2.钳形电流表

钳形电流表是测量交流电流的专用电工仪表。用钳形电流表测量交流电流时，不必将它接入电路，只需将被测导线置于钳形电流表的钳形窗口内，就能测出导线中电流的数值。在电冰箱的检修中，钳形电流表主要用来测量压缩机的工作电流和启动电流，以判断压缩机工作正常与否。

3.兆欧表

兆欧表又称摇表，是一种简便、常用的测量高电阻的直读式电工仪表。在电冰箱检修中，一般用它来测量电路、电动机绕组、电缆等的绝缘电阻。

4.压力表

在电冰箱的检修过程中，经常要借助压力表来观察制冷系统的运转情况。最常见的压力表为弹簧式压力表，它分为高压表、低压表（联程式压力表）和真空表 3 种。

5.温度计

在电冰箱修理中，使用温度计来准确测量电冰箱各部位的温度，以便对故障进行正确的分析、判断。

6.多功能配电盘

多功能配电盘在检修时能帮助维修人员迅速而准确地检查、判断电冰箱的故障，包括电流表、电压表、开关、多相插座等。

7.手动切管刀

手动切管刀是用来切割金属的工具，一般可以切割直径为3~5 mm的铜管。

8.扩口器

扩口器是铜管扩口的专用工具。

9.手动弯管器

手动弯管器是用来弯曲管径小于20 mm铜管的专用工具，为了不使管子内侧的管壁在弯管时有凹瘪现象，各种管子的弯曲半径应不小于管径的5倍。

10.夹扁工具

夹扁工具是用于夹扁管路的某一点，以便检修、装卸制冷部件的专用工具。同时，它也可用于封口密封和截断管路等。

三、电冰箱的检修方法

1.判断电冰箱工作是否正常

电冰箱接通电源时，压缩机启动运转。手触压缩机外壳时，有微微颤动感，并可听到压缩机的电动机均匀的运转声。正常运转半小时后，整个制冷系统便进入稳定工况。以环境温度32℃为例，此时压缩机的外壳温度可达90℃左右，手摸应有烫手的感觉。冷凝器进口处（距压缩机排气口150 mm处）温度可达60℃左右，手摸此处有较烫的感觉。如果这两处温度过高，可能是压缩机有故障、冷凝压力过高、系统中含有空气或制冷剂过量等造成。如果这两处温度过低，可能是压缩机阀片损坏、冷凝压力过低、制冷剂过少或泄漏、循环系统冰堵、压缩机液击等造成。在冷凝器的出口端（即干燥过滤器前150 mm处）温度为35℃左右，手摸此处有略高于室温的感觉。顺着冷凝器的走向手摸各段管路，应有较均匀的温度递减差。如果装有除露管，则手摸箱口四周，应有略高于室温的感觉。打开冷冻室门，蒸发器应有冷气溢出，有时会结有一层薄而均匀的霜层。此时，用手蘸一点水，用较快的速度去摸蒸发器，手指有被黏住的感觉，耳朵靠近蒸发器，可以听到蒸发器内有“嗞嗞”的气流声。由此可以判断电冰箱的制冷系统工作正常。

把箱内温度控制器的旋钮旋到中间位置后关闭箱门，等电冰箱工作一段时间，箱内温度达到控制温度后，温控器的触点断开，将电源切断，压缩机停止工作，完成一次循环。待箱内温度升高到温控器的温控点时，温控器的触点闭合，接通电源，压缩机启动运转，又开始下一次的循环。

2.电冰箱的维修思路

对于电冰箱（柜）的维修，主要分制冷系统与电气系统两部分进行。整体系统维修思路，可用“明、晓、熟、巧”四个字概括。

“明” 指应明了制冷原理、制冷系统的循环过程、电路原理、控制过程，脑子里装几个典型的控制图，并能依据原理来分析、回答、解决实际工作中遇到的问题。

“晓” 就是在检修和更换元器件时，必须知道有关元器件的结构原理、资料数据、替代方法，这样才能缩短维修时间，不走弯路。

“熟” 就是应熟悉制冷系统和电气系统的操作技能，并能熟练掌握检修方法和检修工艺过程等。

“巧”就是要善于理论联系实际，吸取检修工作中的经验教训，从实践中边学边用，多积累经验，总结出诀窍和绝招，再用于实际工作中，即熟能生巧，经验生技巧。

四、电冰箱故障检测方法

1.一问

就是指询问用户感知到的故障现象，得到第一手资料，以便进行分析、判断。

2.二看

看蒸发器结霜情况是否正常，工作正常的直冷式电冰箱的蒸发器上应有一层均匀的实霜。

(1) 若出现周期性结霜，说明制冷管道中有水分，管道出现冰堵故障。

(2) 若压缩机运转 30 min 后蒸发器未结霜，说明制冷系统泄露。

(3) 蒸发器无霜，则说明脏堵或制冷系统泄露。

3.三嗅

根据异常气味来判断故障。如果机器运行中嗅到烧焦味，说明电器部件有烧毁等。

4.四摸

(1) 压缩机正常运转后，夏季有烫手的感觉。若十分烫手或温度低均是压缩机故障。

(2) 判断压缩机吸气管和排气管表面温度是否正常。正常工作状态下，手摸吸气管时，夏季应感觉发凉，管壁有时结霜，冬季则应冰凉。手摸排气管时，夏季应感觉烫手，冬季则应发热。

(3) 判断冷凝器的温度是否正常。摸冷凝器时有热感，但可长时间放置（温度约50℃），则说明冷凝器工作正常。

(4) 手触摸干燥过滤器应有微热感（35~40℃）。

(5) 手蘸水触摸蒸发器表面若有被黏住的感觉，则说明蒸发器工作正常。

5.五听

(1) 压缩机启动和运转应无异常声。

(2) 靠近蒸发器能听到制冷剂的流动声，若听不到，则制冷剂泄漏，或干燥过滤器、毛细管堵塞。

6.六查

(1)电路的检查。

用表进行电路的检查，方法如下：

①把万用表上的旋钮拨至 1×10 Ω 挡。

②用表上的表笔分别与电冰箱电源线插头上的地、零、相三点接触。

③从表上测出地—零、地—相、零—相的电阻状态。

④按测量结果区分正常情况和异常情况。如果为正常情况，则可进入部件的检查；如果为异常情况，则按下面的工步进行检查。

正常情况：地—零和地—相阻值为 ∞、零—相测量后有一定的阻值。

异常情况：地—零和地—相阻值不是 ∞、零—相测量后阻值为 0 或 ∞。

(2) 连接处的检查。

出现异常情况应对接线盒、温控盒内部电气部件的连接处进行检查。用万用表检查连接点是否松动和脱落，如果接头处松动或脱落，则用工具进行加固，部件出现故障则更换部件。

(3) 部件的检查。

①温控器的检查，正常情况是 H 点（高点）、C 点（中点）关闭时呈断路状态（阻值∞），打开以后呈通路状态（有阻值）。

②灯泡两端的正常情况是电阻呈通路状态。

③门灯开关检查。测量开关两端时，按入门灯开关，则测量的阻值为∞，而放开门灯开关时，测量的阻值为 0。

(4) 压缩机的检查。

从压缩机接线柱上取下启动器，用万用表测量压缩机接线柱的阻值。

一般情况下，电动机的启动绕组阻值为 20~30 Ω（压缩机 C、S 端）；运行绕组的阻值为 25 Ω 左右（压缩机 C、M 端），测量的总绕组应为：$R_{总}=R_{启}+R_{运}$。

(5) 两器的检查。

用万用表测量过载保护器的接线柱，正常情况下呈通路状态，有阻值。

用万用表测量启动器的接线柱，如果是 PTC 启动器，则测量的阻值为 20 Ω 左右。如果是重锤式启动器，则测量的正向电阻为一定值，反向电阻为∞。

7.七测

(1) 测电压，判断电源及漏电情况。

(2) 测电流，判断电动机故障，制冷系统是否堵、漏。

(3) 测电阻，判断电动机及电路的工作状态。

(4) 测温度，判断温度控制器及控温性能、制冷效果。

(5) 测压力，判断制冷系统压力是否正常。

五、电冰箱的检修步骤

(1) 检查电冰箱的使用电压和绝缘电阻。用万用表或兆欧表进行绝缘测量，电阻不得小于 2 MΩ，若低于 2 MΩ，应马上做局部检查，如电动机、温度控制器、继电器等部件是否有漏电现象。

(2) 检查电动机绕组的电阻值。将机壳上的接线盒拆下，检查电动机绕组的电阻值是否正常。如果绕组短路、断路或电阻变小，都需打开机壳，重绕电动机绕组。经过上述检查后若无故障，可接通电源。如果启动继电器没有故障，电动机启动不起来，并有“嗡嗡”的响声，说明压缩机抱轴、卡缸，需打开机壳修理。如果压缩机能启动、运转，则应观察其能否制冷。

(3) 压缩机运转 10 min 后再进行以下检查。

①用手摸冷凝器感觉发热，蒸发器进口处发冷，则证明系统中的制冷剂存在。

②用手摸冷凝器感觉不热，在蒸发器处能听得“嗞嗞嗞”的气流声，则说明制冷系统中的制冷剂几乎漏光了，应查看各连接口是否有油迹存在。

③用手摸冷凝器感觉不热，在蒸发器处也听不到“咝咝咝”的气流声，但能听到压缩机由于负载过重而发出沉闷声，则说明制冷系统中的干燥过滤器或毛细管中有堵塞现象。

④观察蒸发器，发现周期性结霜，说明系统中有水分，在毛细管的出口处发生冰堵现象。

⑤发现回气管结霜或结露，说明添加的制冷剂过量。

⑥观察蒸发器，发现结霜不均匀，说明添加的制冷剂不够量。

⑦用手摸蒸发器的出口部件 10 cm 处左右，在夏季感觉稍稍有点凉，冬季稍微有点霜，说明充气量合适。

⑧观察温度控制器的控制情况以及门封是否严密等。

六、电冰箱制冷系统检修技术

1.制冷系统检漏

（1）整体检漏。

在压缩机的工艺管口处，将三通修理阀焊接好后，从表阀处注入压强为 0.8~1.0 MPa 的氮气。然后用肥皂水对外露的各个焊接点进行检漏，若无漏点，则压强保持稳定 16~24 h。前 6 h 允许有 2%的压强下降，后面的 10~18 h 不允许表压有任何下降，若压强下降，则判定为制冷系统泄漏，必须进行分段保压。

（2）分段保压。

为了缩小泄漏点的寻找范围，需要将电冰箱制冷系统分割成高压和低压两个部分或更多部分，分别进行试压检漏。高压部分包括冷凝器、压缩机、干燥过滤器；低压部分包括蒸发器、毛细管和回气管。

分段保压的具体做法如下：

①从干燥过滤器与毛细管连接处将管路分开，并将分开的两管各自封死。

②把回气管从压缩机上取下，并将压缩机上回气管口封死。这时从压缩机工艺管口所接的三通修理阀充注 1.0~1.2 MPa 的氮气，对高压部分检漏。

③从压缩机取下的回气管上，再焊接上一个三通修理阀，从三通修理阀上充入 0.6~0.8 MPa 的氮气，进行低压部分的检漏。

（3）确定漏点。

如果外部件泄漏应进行更换，如果内藏部件泄漏则按实际情况进行剪除、修理和替换等。

（4）按照制冷部件的正确走向，用焊枪和焊条把各制冷部件焊牢、焊密。

2.制冷系统抽真空和充注制冷剂

（1）抽真空。

①低压单侧抽真空。

低压单侧抽真空是利用压缩机上的工艺管进行的，而且可以利用试压检漏时焊接在工艺管上的三通修理阀进行，不必另外再接焊口。单侧抽真空的缺点是制冷系统的高压侧（冷凝器、干燥过滤器）中的空气须通过毛细管、蒸发器、回气管、压缩机的低压侧，然后由真空泵排出。由于毛细管的流阻较大，当低压侧（蒸发器、压缩机低压侧）中的真空度达到要求时，高压侧仍然不能达到要求，因此采用低压单侧抽真空时必须反复进行多次，抽真空的时间较长。

②二次抽真空。

在采用单侧抽真空时，为了使制冷系统的真空度达到要求，可以采用二次抽真空的方法。二次抽真空的工作原理是：先将制冷系统抽真空到一定的真空度后，充入制冷剂，使制冷系统内的压力恢复到大气压力或更高一点儿。这时启动压缩机，使制冷系统内的气体成为制冷剂蒸汽与残存空气的混合气。停机后，第二次抽真空时间稍长。这时系统内残留的混合气体中绝大部分为制冷剂蒸汽，残留空气只占很小比例，从而达到减少系统内残留空气的目的。

③自身抽真空。

在无抽真空设备的情况下，换掉干燥过滤器，密封毛细管口，启动压缩机，此时气体从“毛细管—蒸发器—压缩机—冷凝器—干燥过滤器口”排出，达到一定真空度后，割开毛细管口，迅速插入干燥过滤器，焊封，使系统达到真空。

(2) 充灌制冷剂及方法。

①定量加液法：一般用定量加液机加液。

②立灌法：开机时防止压缩机液击损坏，制冷剂必须以气态的形式进入压缩机。

③倒灌法：此方法必须在停机时使用。

(3)制冷剂充注量的判断。

①表压法：通过压力表观察其停开机的压力，判断制冷剂的多少。

②经验法：观察蒸发器、排气管、干燥过滤器、回气管等部位判断制冷剂的多少。

(4)封口。

压缩机运转时进行，因为此时系统内的低压部分压力较低，易于封闭。用封口钳将距压缩机工艺管口约 10 cm 处的连接管用力夹扁一两处。离夹扁处（靠近三通修理阀端）2~3 cm 处切断连接管，用焊条将切口封死。也可直接用气焊将连接管熔化后再封死管口，保证无泄漏即可。为保险起见，可将封口处没入水中检查，无气泡溢出即为合格。

3.充灌技术

电冰箱制冷剂的充注，以注入液态制冷剂为宜，且制冷剂的注入量应满足电冰箱的铭牌上的要求。如果制冷剂充注量过多，就会导致蒸发温度增高，冷凝压力增高，轴功率增大，使压缩机运转率提高；还可能出现冷凝器积液过多，自动停机时，液态制冷剂在冷凝器末端和干燥过滤器中蒸发吸热，造成热能损耗。充灌制冷剂量和电冰箱参数及各部件性能的关系见表 4–3–1。

表 4–3–1　充灌制冷剂量和电冰箱参数及各部件性能的关系

部件 制冷剂	电流表	低压压力表	低压回气管	高压排气管	冷凝器	蒸发器	干燥过滤器
略少	低于额定电流	小于蒸发压力	温	不烫	温和	积霜不均	冷
太少	低于额定电流	小于蒸发压力	温	不烫	温和	半面霜	冷

续表

部件 制冷剂	电流表	低压压力表	低压回气管	高压排气管	冷凝器	蒸发器	干燥过滤器
稍多	高于额定电流	大于蒸发压力	凉	烫	烫	积霜厚	热
过多	高于额定电流	大于蒸发压力	结霜	过烫	烫	积霜差	烫
太多	高于额定电流	大于蒸发压力	过冷	过烫	上下全烫	全是水	烫
制准剂准确	等于额定电流	蒸发压力正常	略温	烫	上热、中温	积霜多	略高于环境温度

4.焊接技术

焊接质量直接影响着电冰箱的制冷性能。在电冰箱制造过程中主要用到的焊接方法有氧气–乙炔火焰钎焊、交流氩弧焊、自动锡钎焊和闪光对焊等。

管路连接时，插接长度及焊缝的要求。

干燥过滤器与冷凝器　10 mm　　干燥过滤器与毛细管　5 mm

蒸发器与毛细管　30 mm　　管路与管路　10 mm

检查焊缝的质量，焊缝应光滑，不得有裂纹和外淋现象。

5.排堵技术

电冰箱制冷系统的堵塞有脏堵、油堵和冰堵 3 种情况。脏堵一般出现在毛细管或干燥过滤器中，维修时可利用焊枪烘烤焊口并拔下低压回气管，降温后从该管口充入约 0.6 MPa 的高压氮气，观察毛细管口是否有氮气排出，若无，则证明毛细管确实出现了脏堵。排除脏堵的方法有 3 种。

(1) 抽空清洗方法。

所谓抽空清洗，就是将清洁剂用真空泵吸入被污染的管路和部件中进行除污。它既适应高、低压侧清洗，又可适应分段、拆件单独清洗。抽空清洁如下：备两个容积为 5 000 mL 的玻璃瓶，洗涤瓶内装入 2/3 清洁剂，开启真空泵，液体清洁剂便经洗涤瓶→冷凝器→门防露管，进入吸液瓶内积存，即完成高压侧清洗。如果转换接头，洗涤瓶内清洁剂便经冷藏室蒸发器→冷冻室蒸发器→冷冻室背部蒸发器，进入吸液空瓶中，完成低压侧清洗任务。

(2) 打压清洗法。

所谓打压清洗，就是将气体充入被污染的管路和部件后再吹出，达到吹堵、吹脏的目的。操作时，开启氮气瓶阀门，调节减压器，高压侧调至 1.3 MPa，低压侧调至 0.6~0.8 MPa。这时，高压侧的气体流程是由气瓶→冷凝器→门防露管→干燥过滤器喷出，若无气体喷出，多数是干燥过滤器脏堵，也可取下干燥过滤器吹脏、吹堵验证。低压侧的气体流程是由气瓶→转换接头→压缩机→回气管→冷冻室背部蒸发器→冷冻室蒸发器→冷藏室蒸发器→毛细管喷出，多数属于毛细管脏堵。

(3) 退火清洗法。

所谓退火清洗法，就是将质硬、皮厚、径粗的紫铜管（或钢管）用火焰均匀烤红（俗称退火），然后将氧气皮清除。退火后的管材，既适应弯曲和扩口的需要，又能防止应力集中而发生裂口损坏。

6.真空排湿干燥技术

当电冰箱制冷系统出现冰堵，而蒸发器和冷凝器等部件又无法拆卸时，可采用下列方法进行除湿。

(1) 加热抽真空法。

用真空泵对系统进行抽真空，同时使压缩机启动、运转。经过一段时间后，压缩机的温度达到 80℃左右，此时因压缩机内温度较高，同时系统内的真空度已逐渐达到–0.088~0.095 MPa，使绕组中的水分蒸发，并被抽出压缩机。这时，再用喷灯或电热吹风机烘烤蒸发器、冷凝器、干燥过滤器及高、低压管道，其烘烤温度通常为 80~90℃。由于抽真空，促使管道内水分的饱和温度降低，再辅以加热烘烤，促使管道内的水分快速汽化而被排出系统。经 30 min 的加热抽真空后，先关闭三通修理阀，然后再使真空泵和压缩机停机，同时也完成了对制冷系统的排湿干燥和抽真空处理。

(2) 充氮抽真空干燥法。

连接好管路，对制冷系统抽真空约 30 min，然后经三通修理阀向制冷系统内充入约 0.6 MPa 的干燥氮气，使其吸收系统内的一部分水分，再启动真空泵，将吸水的氮气排出，然后向系统内充入高压氮气，再抽真空。经过 3~4 次的充入和抽真空，即可关闭三通修理阀，同时完成对制冷系统的干燥和抽真空。

七、任务评价表

评价项目	项目评价内容	配分(分)	评分标准	得分(分)
知识考核	掌握电冰箱的常用维修工具的使用方法	40	每漏一处扣 5 分	
操作考核	电冰箱的检测	50	(1)识别组成部件,每错一处扣 5 分 (2)操作步骤错误,每错一处扣 3 分	
	安全生产	10	违反安全文明操作要求,每违反一次扣 2~4 分	
总分				

学生（签名）：　　　　测评教师（签字）：　　　　时间：

附：电冰箱制冷系统故障判断流程及处理方法

电冰箱制冷系统故障判断流程及处理方法

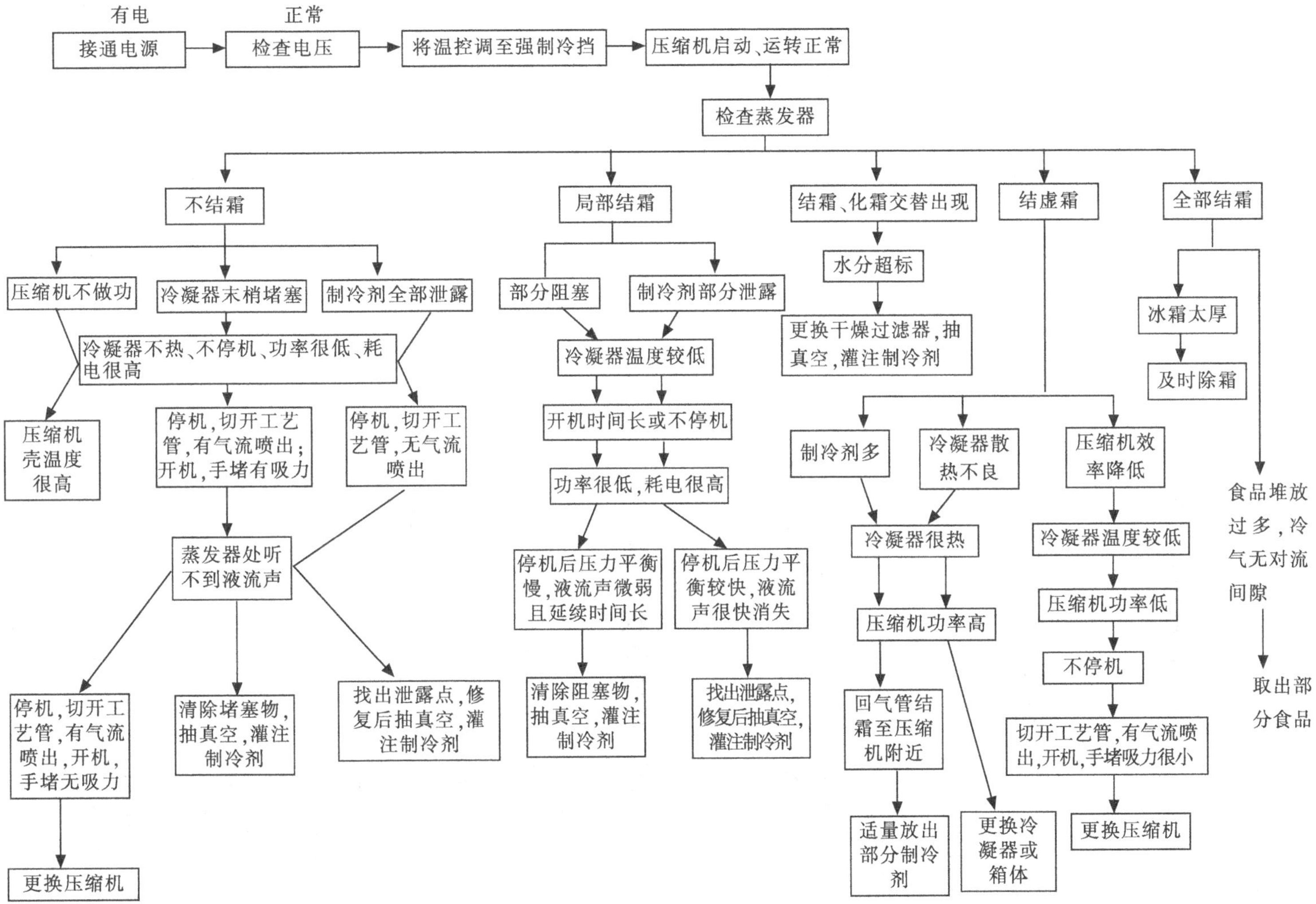

自我测试

(1) 列举出各种制冷系统专用的维修工具。
(2) 简述各种制冷系统专用的维修工具的使用方法。

任务四　空调器的组成、结构和型号

任务描述

本任务主要了解空调器基础知识，并要求掌握常见空调器的构成及其作用。教学现场应提供多媒体讲桌，空调器或者空调器制冷系统组件。

任务实施

一、空调器的有关术语

1.制冷量

国标GB/T7725-2004《房间空气调节器》规定：名义制冷量与实际制冷量允许有偏差，但实测制冷量不小于名义制冷量的95%。

2.干湿球温度

国标GB/T7725-2004《房间空气调节器》规定：测试制冷剂的工况（工作状况参数）条件是室内干球温度为27℃，湿球温度为19℃；室外干球温度为35℃，湿球温度为24℃。

3.露点温度

露点温度是湿空气开始凝露为水时的温度。其与空气的相对湿度有密切关系，相对湿度越大，其露点就越高，物体表面也就越容易凝露。

4.蒸发温度

制冷剂在蒸发器内蒸发时的温度，也是制冷剂对应于蒸发压力的饱和温度。它对制冷效率影响较大，它每降低1℃，制取同样的冷量需增加功率4%，所以在条件许可的情况下，适当提高蒸发温度，对提高空调器制冷效率是有利的。家用空调器的蒸发温度一般比空调器出风口温度低5~10℃，正常运行时，蒸发温度在5~12℃，出风温度在10~20℃。

5.吸气温度

吸气温度是指压缩机吸气入口处的气体温度，也称为回气温度。制冷剂在蒸发器中不能充分蒸发，就会产生吸气温度过低，吸气温度过低会造成吸气口附近凝露或结霜。当制冷剂充注量不足时，通过节流器的制冷剂循环量太小或回气管路太长、管径太小时，均会造成吸气温度升高。吸气温度一般不可超过 35℃，过高的吸气温度会造成压缩机消耗功率增大、制冷量减少、排气温度升高等问题。在家用空调器制冷系统中，回气温度一般略高于蒸发温度，其温差为 5~12℃。

6.排气温度

排气温度是指压缩机排气出口处的气体温度。排气温度与吸气温度、压缩机的压缩比等有关。压缩比不变，吸气温度高，排气温度也高。吸气温度不变，压缩比越大，排气温度越高。家用空调器排气温度不宜超过 115℃，否则会影响空调器的制冷效果。

7.性能系数

制热时称为性能系数（COP），制冷时称为能效比（EER），它是指制热（冷）量与所耗功率的比率，它与空调器的工作参数、制冷剂等因素有关。

8.单位重量制冷量

单位重量制冷量也称为能重比，是指空调器每消耗 1 kg 原材料所能产生的制冷量，单位是 W/kg。能重比高的空调器，说明产生同等制冷量空调器所消耗的原材料少、成本低，也反映了产品制造工艺的水平。

9.匹

匹是一个非法定的计量单位，所谓的一匹机是指以输出功率为一匹马力（750 W）的压缩机为动力的空调器，由于压缩机的效率为 0.8~0.85，其性能系数一般为 2.8~3.0 W/W，折算下来，一匹机的制冷量为 2200 W ~ 2500 W。作为从业人员，不应该使用匹作为计量单位。

10.热泵制热量

空调器热泵制热量是指空调器进行热泵制热运行时（一般热泵会辅助电加热器同时运行），在单位时间内，高压侧制冷剂在冷凝器中放出的热量。

11.制冷消耗功率

制冷消耗功率就是空调器进行制冷运行时，额定时间内所消耗的总功率就为其制冷功率，单位为 W。

二、空调器的结构和组成

1.压缩机，如图 4-4-1 所示

基本作用：压缩气体，产生高温、高压的冷媒气体。

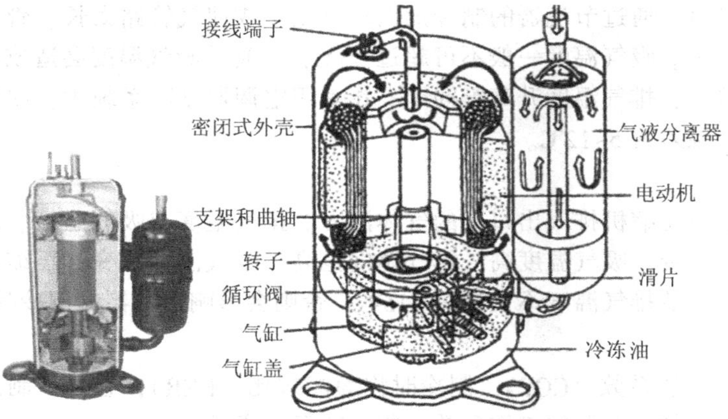

图 4–4–1　压缩机示意图

2.热交换器（冷凝器、蒸发器），如图 4–4–2 所示

基本作用：强化冷媒和空气的换热（换热面积、换热系数）。

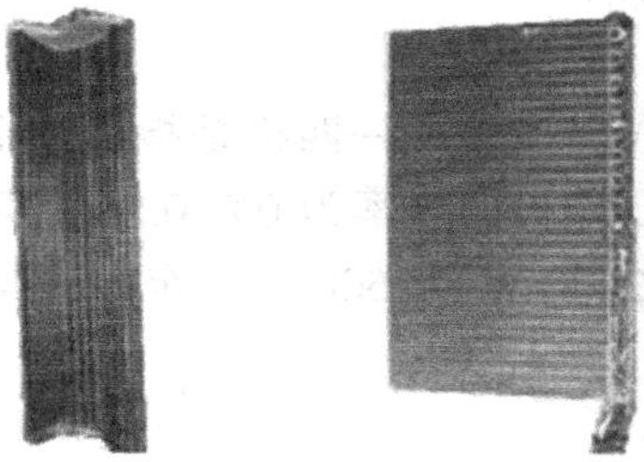

图 4–4–2　热交换器示意图

3.膨胀机构（毛细管、膨胀阀），如图 4–4–3 所示

基本作用：使中温、高压液体节流，成为低温、低压的液体冷媒。

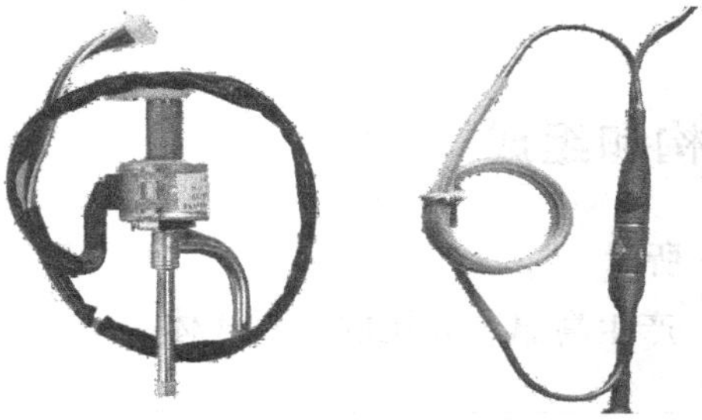

图 4–4–3　膨胀机构示意图

4.电磁四通换向阀，如图 4–4–4 所示

基本作用：控制冷媒流向，达到制冷、制热转换的目的。

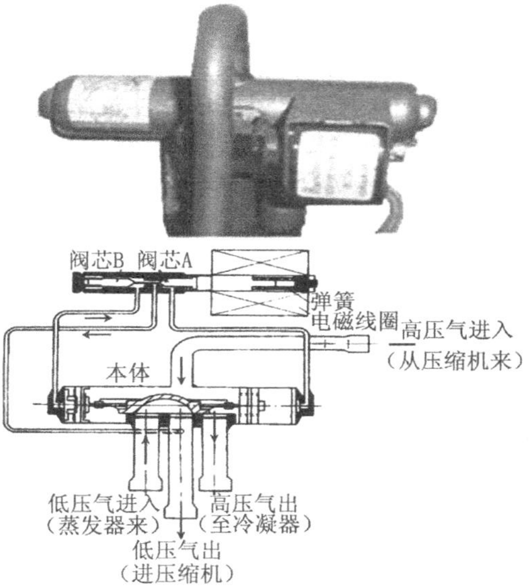

图 4-4-4 电磁四通换向阀示意图

5.风机、风道，如图 4-4-5 所示

基本作用：强化冷凝器、蒸发器的作用。

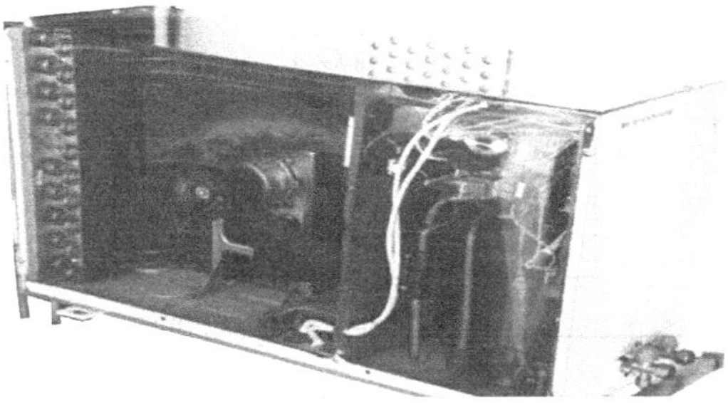

图 4-4-5 风机示意图

6.气液分离器，如图 4-4-6 所示

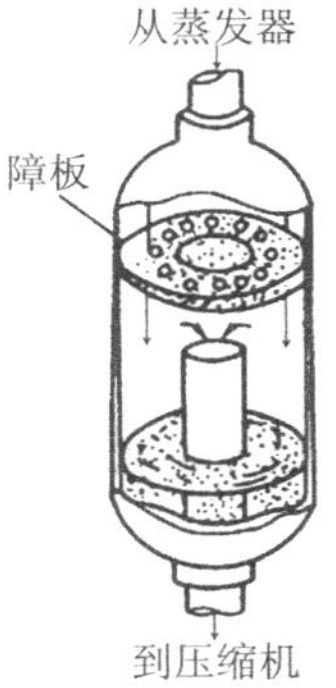

图 4-4-6 气液分离器示意图

7.干燥过滤器，如图 4-4-7 所示

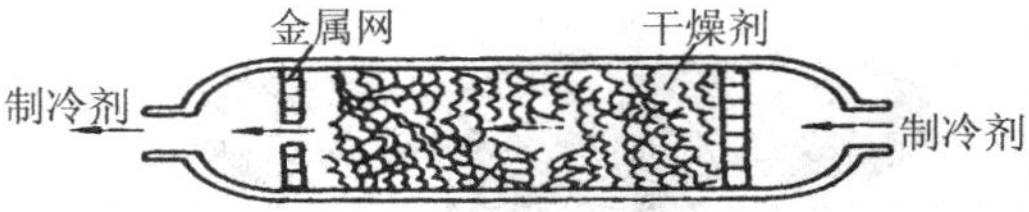

图 4-4-7　干燥过滤器示意图

三、空调器的分类

1.空调器按结构分类及代号

空调器按结构可分为整体式和分体式。

整体式：窗机 C，落地式 L，分体式 F。

分体式的室内机组：吊顶式 D，壁挂式 G，嵌入式 Q，台式 T。

分体式的室外机组：W。

2.空调器按功能分类及代号

空调器按功能分为热泵式 R 和电热式 D。

四、空调器的型号

1.空调器的型号表示方法

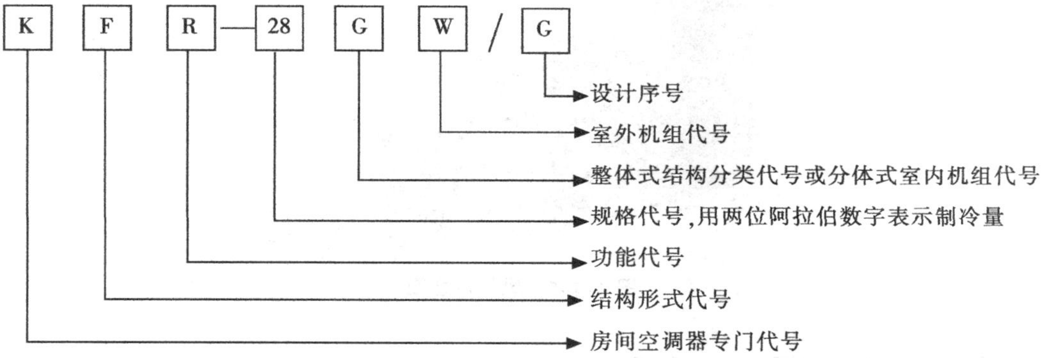

制冷量的分档系列：1250，1400，1600，1800，2000，2250，2500，2800，3150，3500，4000，4500，5000，5600，6300，7100，8000，9000。

2.常用标识基本组合

KF：分体壁挂单冷式空调器。

KFR：分体壁挂冷暖式空调器。

KFRD：分体壁挂电辅助加热冷暖式空调器。

KC：窗式空调器。

LW：落地式空调器（柜机）。

举例：KFR-25 GW 表示该款空调器为分体壁挂冷暖式空调器，它的额定制冷、制热量为 2 500 W。

(注：国产品牌型号标识基本一致，型号中其他标识为各企业对自身技术性能、特点的标志，为非正规标识。进口品牌标识各有不同，具体含义请参阅具体品牌。)

3.空调器的型号说明

KCD-46 (4620) 其中 K 表示房间空调器，C 表示窗机，D 表示电热型，46 表示制冷量是 4 600 W。

KFR-25 GW/E (2551) 其中 K 表示房间空调器，F 表示分体式，R 表示热泵型，25 表示制冷量是 2 500 W，G 表示挂壁式，W 表示室外机，E 表示产品系列号。

KFR-50 LW/E (5052LA) 其中 K 表示房间空调器，F 表示分体式，R 表示热泵型，50 表示制冷量是 5 000 W，L 表示落地式，W 表示室外机，LA 表示灯箱面板。

五、任务评价表

评价项目	项目评价内容	配分(分)	评分标准	得分(分)
知识考核	掌握空调器的构造	30	组成部分不全，每漏一处扣 5 分	
	识别空调器的型号	20	型号、参数的含义，每错一处扣 4 分	
操作考核	空调器的拆卸与装复	40	(1)识别组成部件，每错一处扣 5 分 (2)操作步骤错误，每错一处扣 3 分	
	安全生产	10	违反安全文明操作要求，每违反一次扣 2~4 分	
总分				

学生（签名）：　　　　测评教师（签字）：　　　　时间：

自我测试

(1) 列举生活中常见的空调器类型，并写出相应的型号。

(2) 说明空调器的组成及各组成部件的作用。

任务五 空调器的工作原理、维护及维修

任务描述

本任务主要了解空调器的工作原理，并要求掌握常见空调器的安装、维护及维修。教学现场应提供多媒体讲桌、空调器整机。

任务实施

一、空调器的工作原理

1.空调器的制冷循环，如图 4–5–1 所示

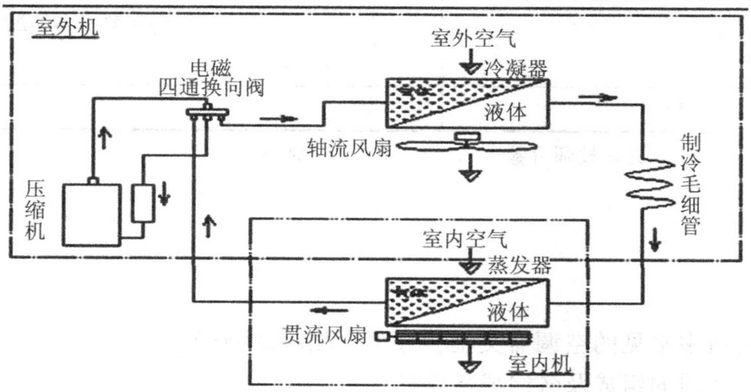

图 4–5–1 空调器的制冷循环过程

进行制冷运行时，来自室内机蒸发器的低压、低温制冷剂气体被压缩机吸入，并压缩成高压、高温气体，排入室外机冷凝器，通过轴流风扇的作用，与室外的空气进行热交换而成为中温、中压的制冷剂液体，经过毛细管的节流降压、降温后进入蒸发器，在室内机的贯流风扇作用下，与室内需调节的空气进行热交换而成为低压、低温的制冷剂气体，如此周而复始地循环而达到制冷的目的。

2.空调器的制热循环，如图 4–5–2 所示

当进行制热运行时，电磁四通换向阀动作，使制冷剂按照制冷过程的逆过程进行循环。制冷剂在室内机冷凝器中放出热量，在室外机蒸发器中吸收热量，进行热泵制热循环，从而达到制热的目的。

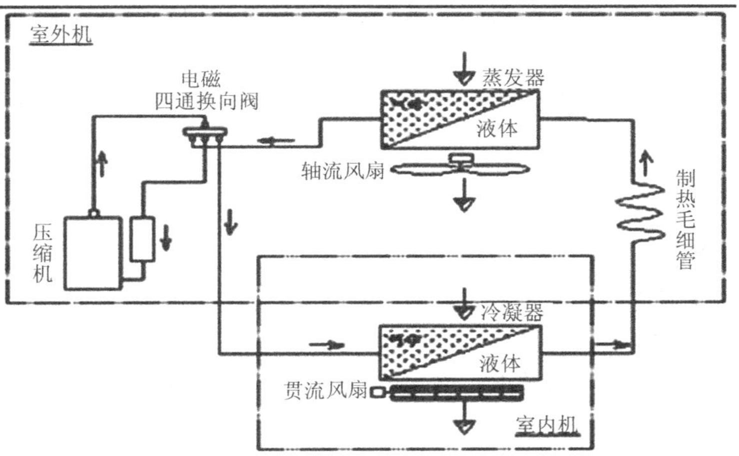

图 4-5-2 空调器的制热循环过程

二、空调器的安装

由于空调器的种类繁多，本书不能一一描述，在这里，我们就以壁挂式分体空调器为例，讲解一下空调器的安装步骤与技巧。

1.检查空调器制冷量与房间面积匹配程度

安装的空调器制冷量与房间面积应匹配。计算方法为：使用场所面积（m^2）=制冷量（W）/单位面积所需制冷量（W）。使用场所面积（m^2）=制热量（W）/单位面积所需制热量（W）。

空调器必须安装在实心砖、混凝土或其强度等效的安装面上。建筑物预留位置是有足够强度的钢筋混凝土结构件，符合通风、噪声及市容等要求。安装面为木质、金属等结构时，应采取加固、支撑和减震措施。

2.空调器室内机安装

以楼层高度 2.4 m 为例，室内机距墙壁 10.5 cm 以上，距屋顶 5 cm 以上，距障碍物 60 cm 以上。落地式（柜式）室内机的安装，距墙壁 10 cm 以上，呈 45°角，平行距离不应有障碍物。室内机背后安装防倒扣，防止发生倾倒。室外机要注意与周围建筑物 (或障碍物) 预留一定的距离，保证气流通畅。选好安装位置和留好合适距离外，还应安装在墙壁上或混凝土物件上，有震动时垫上保护性的橡胶垫。

3.空调器室外机安装

直接落地时应罩上自制的隔离金属网罩；机器安装在平台上，应保持水平并保证固定，不因震动而移位；安装在窗台下面，应尽量避免高于窗台；室外机组安装，不应占用公共人行道，距离地面应大于 2.5 m。普通安装支架与墙壁连接，膨胀螺栓至少要用 $\Phi 10\times 100$ mm (规格) 5 个以上，4500 W 以上的空调器不少于 7 个膨胀螺栓。

4.检查电气配线

电源线与控制线不应交叉、缠绕；电气连接应采用专用分支电路，其容量应大于空调器最大额定电流值的 2 倍。应配有专用电源插座，电源线路应安装漏电保护器或空气开关等保护装置。室内、室外电气连接线，不应受到拉伸和扭曲、缠绕，不应随意改变接线长度。如果必须加长，应采用符合要求的导线，并在该产品规定的最大连线长度内。电源插座应为带安全地线的三线插孔插座，插座应与待装空调器电源插头相匹配。其容量应不小于待装空调器额定电流的 2 倍，并应靠近空调器随机电源插头所及之处。小于等于 4 500 W 的空调器应选择 16 A 插座，大于 4 500 W的空调器应选择空气开关。另外，空调器的安装须具有良好的接地措施。

5.检查支架质量

同型号的空调器支架适用于不同功率、不同尺寸的空调器。空调器支架的承受重量应在 (人重+机重) 之和的两倍以上，当机组自重超过 120 kg 时，其安装支架不得离开地面悬挂安装。室外机安装面与安装架，安装架与机组之间的连接应牢固稳定、可靠。室外机必须和安装支架用螺栓固定，螺栓应加防松垫片，以免在不停震动下引起室外机跌落或螺栓、螺母坠落。试运行前，空调器安装人员应对电源的接地进行检查，进行漏电、制冷剂泄漏、漏水及温度检测。如果发现问题，及时进行空调器维修。

三、空调器的维护

(1) 经常检查空调器插头和插座的接触是否良好。若发现空调器在运行时，电源引出线或插头发烫，可能的原因是电器接线太细或插头、插座接触不良，应采取措施解决。

(2) 经常观察空调器制冷剂管路 (主要指分体空调器) 的接口部位是否有制冷剂泄漏。若发现有油渍，则说明有制冷剂漏出，应及时予以处理，以免长时间泄漏而造成制冷剂量不足，影响空调器的制冷 (热) 效果，甚至造成压缩机损坏。

(3) 经常清扫空调器面板和机壳的灰尘。切勿用 40℃以上的热水、汽油、挥发性油及腐蚀性溶剂擦拭空调器面板和机壳。不应用硬毛刷刷洗空调器，以免损坏外壳，造成脱漆、褪色等。

(4) 定期清洗空调器的冷凝器和蒸发器盘管。可使用毛刷和吸尘器清洗盘管上的灰尘。在清洗时，毛刷和吸尘器应沿盘管的垂直方向清扫，切勿沿水平方向清扫，以免碰坏盘管的肋片。

(5) 定期清洗空调器的空气过滤网。一般 2~3 周清扫一次。清扫时将空气过滤网抽出，用干的软毛刷刷去空气过滤网上的灰尘，也可用清水清洗空气过滤网上的灰尘，晾干后再装入空调器使用。对灰尘较多的环境，空气过滤网的清洗应更频繁，以免空气过滤网累积灰尘太多，影响空调器的通风量。

(6) 空调器要长期停机时 (如空调器的季节性停机)，应对空调器做全面清洗。清洗好后只开空调器的风机，运转 2~3 h，使空调器内部干燥，然后用防尘套将空调器套好。

(7) 对于有较多空调器的单位，每隔 2~3 年，应请专业的空调器清洁公司对空调器的室外机和室内机的表面进行清洁，提高换热器的换热效率，达到节能的目的。

四、空调器的保养要点及使用注意事项

1.空调器的保养要点

(1) 换季不用时，清扫滤清器，以免灰尘堆积而影响下次使用。拔掉电源，取出遥控器电池，以防意外损坏。保持机内干燥，室外机罩上保护罩以免日晒雨淋。

(2) 重新使用前，检查滤清器是否清洁，并确认已关上。取下室外的保护罩，移走遮挡物体，试机检查运行是否正常。确认遥控器的电力状况。

(3) 简单的故障自检。

①空调器不运行。

是否停电？电源保险丝有无断开？电源开关是否在“关”的位置？空调器插头是否未插入插座？

②运转噪声大。

安装是否有倾斜？格栅是否关闭？

③房间不冷（不暖）。

门窗是否敞开？空气过滤网是否堵塞？室内机、室外机的进风口及送风口是否被遮挡？设定温度是否过低（过高）？是否为用电高峰？电压太低或波动太大？制热不良，室外温度是否低于-7℃；制冷不良，室外温度是否高于45℃。

2.空调器使用注意事项

(1) 适当的室温。

(2) 适当调节温度，避免过热或者过冷。

(3) 细心清扫滤尘网。应该每两周清扫一次，如果不清扫，灰尘可能堵塞滤尘网，造成制冷、制热效率下降。

(4) 有效使用定时器。睡眠及外出时，请利用定时器，使其仅在必要时间内运转，以便省电。

(5) 勿遮挡室外机的吹风口。若室外机的吹风口处被物品遮挡，冷、暖气效果降低，浪费电。

(6) 少开门窗，频繁地开、闭门窗，会使冷气效果降低，浪费电。

(7) 窗户使用窗帘遮挡，以防热量损失。特别在夏季，遮住白光的直射，可节电约5%。

(8) 善于利用风向调节。暖气时风向板向下，冷气时风向板水平，效果较好。

(9) 建房、增建或改建时建议使用隔热材料，可以在很大程度上节省电。

(10) 空调器工作的环境温度，单冷型为18~43℃，冷暖型为-5~43℃。

(11) 安装空调器时，一般小分体机用2.5 mm^2铜线，3匹、5匹柜机用大于6 mm^2的铜线，带辅助电热的3匹、5匹柜机用大于8 mm^2的铜线。

(12) 购买空调器后，2.5 A电能表最大承受5 A电流，可用功率小于1 100 W的空调器；5 A电能表最大可承受10 A电流，可用功率小于2 200 W的空调器；10 A电能表最大可承受20 A电流，可用功率小于4 400 W的空调器。注意：要考虑家中其他电器的耗电。

(13) 空调器的平均使用寿命是10~12年。

五、空调器的常见故障及维修方法

1.空调器故障分析的一般方法

空调器由制冷系统和电气系统组成，它的运行状态又与工作环境和条件有密切的关系，所以对空调器的故障分析需要综合考虑。

故障原因可分为两类：一类为机外原因或人为故障（特别是电源是否正常），另一类则为机内故障。在分析、处理故障时，首先应排除机外原因。排除机外因素后，又可将机内故障分为制冷系统故障和电气系统故障两类，一般应先排除电气系统故障。至于电气系统故障，又可从以下两个方面来查找：开关电源是否送电，电动机绕组是否正常。

按照上述总的分析思路，便可逐步缩小故障范围，故障原因自然也就水落石出了。

2.空调器初步检查

制冷系统运行时，进行初查采用的是看、摸、听、查、分析的办法。这些办法简单而且有效。

(1) 一看。

先看空调器外形是否完好，各个部件的工作是否正常。其次，看制冷系统各管路有无断裂，各焊接处是否有油迹，焊点有油迹则可能有泄漏。再仔细看电器元件的插片有无松脱现象，各连接铜管位置是否正确，有无铜管碰壳体。最后，看一下离心风扇和轴流风扇的跳动是否过大，电动机和压缩机有无明显震动。看高、低压压强值是否正常，环境温度在30℃时，低压为0.49~0.54 MPa，高压为1.17~1.37 MPa；环境温度在35℃时，低压为0.58~0.62 MPa，高压约为1.93 MPa；环境温度在43℃时，低压约为0.68 MPa，高压约为2.31 MPa。

看毛细管低压部分的结霜情况。正常制冷时，在压缩机运行之初，毛细管会结上薄薄的一层霜，随后就逐渐化掉，但制冷剂不足或管路堵塞都会发生挂霜不化的现象。

值得注意的是，室外热交换器在冬季按热泵循环方式工作时，它属低压、低温部件，也可能发生制冷剂泄漏和堵塞。如果毛细管出口至室外热交换器入口这一管段上有霜而其他部分干燥，表明毛细管已半堵。从表面看，制冷剂不足和半堵塞的现象是一致的。

还需指出，空调器运转时，一般应先看一看空调器的外部工作条件，例如室内、室外的环境温度是否过高或过低，过滤网是否太脏或有无通风不良等现象，以便排除外部原因及安装使用不当等因素。

(2)二摸。

压缩机正常运行20~30 min后，摸一摸吸气管、排气管、压缩机、蒸发器出风口、冷凝器等部位的温度，凭手感便可判断制冷效果的好坏。

①压缩机温度一般在90~100℃。

②摸蒸发器的表面温度。工作正常的空调器蒸发器各处的温度应该是相同的，其表面是发凉的，一般在15℃左右，裸露在外的铜管弯头处有凝露水。

③摸冷凝器的表面温度。空调器开机运转后，冷凝器很快就会热起来，热得越快说明制冷越快。在正常使用情况下，冷凝器的温度可达80℃左右，冷凝管壁温度一般在45~55℃。

④摸低压回气管的表面温度。正常时，吸气管冷，排气管热。手摸应感到凉，如果环境温度较低，低压回气管表面还会有凝露水，如果回气管不结露，而高压排气管比较烫，压缩机外壳也很热，很可能是制冷剂不足；如果压缩机的回气管上全部结露，并结到压缩机外壳的一半或全部，说明制冷剂过多。

⑤摸高压排气管温度。手摸应感到比较热，夏天时还烫手。

⑥摸干燥过滤器的表面温度。在正常情况下，手摸干燥过滤器表面感觉略比环境温度高。如果有凉的感觉或有凝露存在，说明干燥过滤器有微堵现象。

⑦摸出风口温度。手应感觉出风有些凉意，手停留的时间长就感到有些冷。

(3) 三听。

仔细听整机运转的声音是否正常。空调器在运转时，会发出一定的声音，但如果听到一些不正常的声音就有问题了，如压缩机运转时有“嗡嗡”声，可立即判明是压缩机的电动机不能正常启动的声音，此时应立即关掉电源，查找原因；“咝咝”声是压缩机内高压减震管断裂后发生的高压气流声；“嗒嗒”声是压缩机内部金属的碰撞声；“当当”声是压缩机内吊簧脱落或断裂后的撞击声。如果是开启式压缩机，一般会发出轻微而均匀的“嚓嚓”或阀片轻微的“嘀嘀”的敲击声；如出现“通通”声，则是压缩机液击声；“啪啪”声是皮带损坏后的拍击声。离心风扇和轴流风扇的运转声应平衡而均匀，如有碰、擦或轴心不正，就会有异常声音出现。停机时，当听到“咝咝”这种越来越轻的气流声时(系统压力平衡时发出)，则可知系统基本没有堵塞。

此外，凭听觉还可判断出其他一些噪声，例如：风机轴流风扇碰击外壳铁片的声音；风机缺油的“吱吱”尖叫声；风机离心风扇与泡沫外壳发出的“嚓嚓”声；压缩机底角螺栓松动、震动的声音；毛细管碰外壳的声音。

(4) 四查。

一般可用压力表、半导体点温计、钳形电流表、万用表等测量系统压力、温度、运转电流、电源电压、绝缘电阻是否符合要求，用卤素检漏灯或电子检漏仪检查制冷剂有无泄漏。

对于窗式空调器，用钳形电流表检查电流十分方便。电流读数应在额定电流范围左右(随温度高低，电流略有变化)。对于分体式空调器，用歧管表检测高、低压也是一种实用、快速、有效的判断方法。

当周围环境温度在30℃左右（空调器制冷状况下），若低压表的压强（表压）在0.4 MPa以下，则表明制冷剂不足或有泄漏。高压表的压强（表压）正常值应在2 MPa左右，过高或过低都说明有异常。冷凝器的出口处若发生堵塞，可使高压升高，而低压降低。

检查和观察的常规项目如下：①低压压力，②高压压力，③停机时平衡压力，④吸气管温度，⑤排气管温度，⑥压缩机温度，⑦冷凝器，⑧蒸发器，⑨干燥过滤器，⑩毛细管，⑪工作电流。

(5) 五分析。

经一看、二摸、三听、四查后，进一步分析故障所在处和故障的轻重程度。由于制冷系统、电气系统和空气循环系统是彼此均有联系又互相影响的，因此，要综合起来进行分析，由表及里地判断故障的实际部位，要始终保持头脑清醒。免得一时疏忽，出现判断错误，造成不必要的损失。

3.非空调器本身故障原因分析

机外故障的原因有电源方面和其他方面的，列举如下：

(1)电源问题。

①电源电压不能太低。一般当电压比正常电压220 V降低15%时，空调器的压缩机就难以启动。空调器运转时，电压一般须保证在198 V以上。

②空调器专用电路中的保险丝容量过小而易被烧断，容量过大又起不到保护作用。电源插座接触不良，保险丝容量过小等都是不允许的。

③电源线截面积不能过小。

④空调器房间的家用电器过多，而电源线的容量不足，这也是不允许的。

⑤部分地区网路电压偏低，进电内阻大，特别是使用空调器单位附近有使用大功率电动机等电器设备时，往往造成电压波动范围过大。

⑥供电部门临时停电或瞬间拉闸、报警。

(2) 安装、环境及使用问题

①如果空调器前后有障碍物，会影响空气流动，降低热交换效率，从而使空调器的制冷量下降。

②房间内温度过高或过低，超过空调器允许的使用温度范围。

③空调器房间密闭不严，门窗未关闭，室内人员进出频繁。

④室内使用发热器具，阳光直接照射空调器，环境温度高于43℃。

⑤空调器房间的面积太大或室内高度过高，而空调器的制冷量太小。

⑥空调器房间内空气污浊、灰尘大，致使空气过滤网布满灰尘、污物，室内空气循环受阻，影响热交换。

⑦窗式空调器安装位置过低、过高，都不符合安装要求。

4.空调器制冷系统故障

判断制冷系统故障，要根据空调器运行时的系统压力、温度和运行电流来判断，既要应用制冷理论知识，又要细心观察制冷系统各部位情况，然后做出正确的判断。空调器制冷系统故障快速判断方法见表4-5-1。

表 4–5–1　空调器制冷系统故障快速判断表

观察部位	空调器正常	制冷剂不足	过滤网堵塞	制冷剂全部泄漏
低压(环境 30℃)	4.5~5.5 N	低于正常压力	低于正常压力	基本上无压力
高压(环境 30℃)	190~200 N	低于正常压力	略低于正常压力	基本上无压力
停机时平衡压力	环境温度下的饱和压力	环境温度下的饱和压力；严重时低于饱和压力	环境温度下的饱和压力	基本上无压力
压缩机声音	正常	较轻	略轻	轻
压缩机吸气管温度	冷，结露，潮湿天气更是大量结露	少结露或不结露	不结露，温	温
压缩机排气管温度	热，烫，55℃加环境温度	热，温	热，温，低于环境温度加 55℃	温
压缩机壳体温度	90℃左右	温度升高，超过 90℃	温度升高，超过 90℃	热，烫，远超过 90℃
冷凝器	热，环境温度加 15℃(45~55℃)	热，温	温，低于环境温度加 15℃	温
蒸发器	冷，全部结露，环境温度减 15℃	局部出现霜，甚至出现结冰层	局部结霜	温
干燥过滤器	温，环境温度加 2~5℃	出口处会结露，甚至结霜	冷，结霜、结露	温
毛细管	常温	冷，甚至结露、结霜	结霜、结露	温

以上是对空调器的一些定性分析，具体情况视不同品牌空调器各有不同。

5.制冷系统的清洗

在空调器压缩机的电动机绝缘被击穿、匝间短路或绕组被烧毁以后，会产生大量酸性氧化物而使制冷系统受到污染。因此，除了要更换压缩机、毛细管与干燥过滤器之外，还要对整个制冷系统进行彻底的清洗。

制冷系统的污染程度可分为轻度与重度。轻度污染时，制冷系统内的冷冻油没有完全被污染，从压缩机的工艺管放出制冷剂和冷冻油时，油的颜色是透明的。若用石蕊试纸试验，油呈淡黄色（正常为白色）。重度污染是严重的，当打开压缩机的工艺管时，立即可闻到焦油味，从工艺管倒出冷冻油，颜色呈黑色，用石蕊试纸浸入油中，5 min 后纸的颜色变为红色。空调器系统清洗用的清洁剂为 R113。清洗前先放出制冷系统管路内的制冷剂，拆卸压缩机，从工艺管中放出少量冷冻油，检查其色、味，并看其有无杂质、异物，以明确制冷系统污染的程度。

清洗过程如下：先将清洁剂 R113 注入液槽中，然后启动泵，使之运转，开始清洗。对于轻度的污染，只要循环 1 h 左右即可。而严重污染的，则需要 3~4 h。洗净后，清洁剂可以回收，但经处理后方可再用，在贮液器中的清洁剂也要回收。若长时间清洗，清洁剂已脏，干燥过滤器也会堵塞，应更换清洁剂和干燥过滤器以后再进行。清洗完毕，应对制冷管路进行氮气吹污和干燥处理。

干燥过滤器和泵在干燥处理时一定要与管路部分断开，并在液压管、吸液管的法兰上安装盲板，然后用真空泵对系统进行抽真空，在抽真空过程中，要同时给制冷管路外面吹送热风，以利于快速干燥。最后将制冷管路按原样装好，更换新的压缩机和干燥过滤器。

注意事项：

①为了避免清洁剂的泄漏，应采用耐压软管，接头部分一定要用胶带包扎紧密。

②使用膨胀阀的机型，要去掉膨胀阀，以旁通管代替膨胀阀。

③若制冷系统内进入水分，一定要将水分排净。

④因压缩机烧毁而生成酸性物质时，必须用氮气吹净。

6.排空气

制冷循环中残留的含有水分的空气，将导致冷凝压力升高、运转电流增大、制冷效率下降或发生堵塞（冰堵）与腐蚀，引起压缩机汽缸拉毛等故障，所以必须排除管内空气。

排除管内空气的方法如下：

(1)使用空调器本身的制冷剂排空气。

拧下高、低压阀的后盖螺母、充氟嘴螺母，将高、低压阀芯打开（旋 1/4~1/2 圈），等待约 10 s 后关闭。同时，从低压阀充氟嘴螺母处用内六角扳手将充氟顶针向上顶开，有空气排出。当手感觉到有凉气冒出时停止排空。排氟量应小于 20 g。

(2)使用真空泵排空气。

先将阀门的充氟嘴螺母拧下，用抽真空连接软管进行连接。将“LO”旋钮按逆时针方向旋转，使其打开，然后合上真空泵的开关，进行抽真空。停止抽真空后，还要将阀门的后盖螺母拧下，用内六角扳手将阀芯按逆时针方向旋开到底，此时制冷系统的通路被打开。接着将连接软管从阀门上拆除下来，将阀门的连接螺母与后盖螺母拧紧。

(3)外加氟利昂排空气。

使用独立的制冷剂罐，将制冷剂罐充注软管与低压阀充氟嘴连接，略微松开室外机高压阀上的接管螺母。松开制冷剂罐的阀门，充入制冷剂 2~3 s，然后关死。当制冷剂从高压阀的接管螺母处流出 10~15 s 后，拧紧接管螺母。从充氟嘴处拆下充注软管，用内六角扳手顶推充氟顶针，制冷剂放出。当再也听不到噪声时，放松顶针，上紧充氟嘴螺母，打开室外机高压阀芯。

7.充注制冷剂

对于全封闭式压缩机，充注氟利昂往往采用低压收入法。

(1) 充注前需将制冷剂从大钢瓶倒入小钢瓶中，其方法是：先将修理用的小钢瓶放入有冰块的容器中冷却降温，然后用一根橡胶软管将大、小钢瓶连接起来，但大钢瓶的阀门暂不开启。将大钢瓶阀门和小钢瓶的接头松开，用氟利昂气体将软管中的空气排出，然后关闭大钢瓶的阀门，旋紧小钢瓶的软管接头。开启大、小钢瓶的阀门，充注制冷剂，待充到 80%时，关闭大、小钢瓶的阀门，去掉软管。

(2) 由钢瓶往制冷系统中充注制冷剂时可将钢瓶与三通修理阀相连接，也可用复合式压力表的中间接头充入。打开小钢瓶并倒置，将接管内的空气排出后，拧紧接头，充入制冷剂，表压不超过 0.15 MPa 时关闭直通阀门。启动压缩机将制冷剂吸入，同时观察蒸发器的结霜情况，待蒸发器上已结满霜或结露时，即可停止充注。

(3) 制冷剂充入量的判断方法有以下几种。

①测重量。

在充注氟利昂时，事先准备一个小台秤，将制冷剂钢瓶放入一个容器中，再在容器中注入40℃以下的温水（适用于空调器的低压侧充注制冷剂蒸汽）。充注前记下钢瓶、温水及容器的重量，在充注过程中注意观察指针。当钢瓶内制冷剂的减少量等于所需要的充注量时可停止充注。也可直接称量钢瓶，不用加温水。

②测压力。

制冷剂饱和蒸汽的温度与压力呈一一对应关系，若已知制冷剂的蒸发温度，即可查出相对应的蒸发压力。此压力的表压值由高、低压压力表显示出来。因此，根据安装在系统上压力表的压力值即可判断制冷剂的充注量是否适宜。如使用R22的空调器的蒸发温度为7.2℃，冷凝温度为54.5℃。查R22的饱和温度与饱和压力对应表，以确定其蒸发压力值和冷凝压力值，再将此压力换算为表压值即可。用高、低压压力表或复合式压力表测试充氟中的制冷系统，若高、低压力表表压值符合上述范围，即表明制冷剂的充注量合适；若高、低压压力均低，则表明充入量不够；若高、低压压力均高，则表明充入量过多。压力测定法较为简便，在维修时经常使用，但缺点是准确度不高。

③测温度。

用半导体测温仪测量蒸发器的进口、出口，集液器的出口等各点的温度，以判断制冷剂充注量如何。在蒸发器的进口（毛细管前150 mm处）与出口两点之间的温差为7~8℃，集液器出口的温度应高于蒸发器的出口处1~3℃。如果蒸发器进口、出口的温差大，表明制冷剂充注不足，若吸气管结霜段过长或邻近压缩机处有结霜现象，则表明制冷剂充注过多。

④测工作电流。

用钳型电流表测工作电流，制冷时，环境温度35℃，所测得的工作电流与铭牌上电流相对应。温度升高，电流相应增大；温度降低，电流相应减小。在风机正常、蒸发器和散热器散热好的情况下，按空调器工况测电流值做比较。

8.氧气-乙炔焊接工具的使用方法

(1)点火前检查。

①先打开乙炔瓶阀，看压力表指针是否在规定压力范围内。

②再打开氧气瓶阀，看压力表指针是否在规定压力范围内。

③如果乙炔瓶压力增大，不能使用焊枪，可能是由于氧气将乙炔压回了钢瓶。

(2) 点火顺序。

①打开焊枪上的乙炔气开关，并点燃。

②打开焊枪上的氧气开关。

③根据焊接需要，调节乙炔气、氧气开关的开度。

(3) 灭火顺序。

①先关闭焊枪上的氧气开关。

②再关闭焊枪上的乙炔气开关。

一般氧气压力比乙炔气压力大 2 倍。在使用中如发现乙炔气回流时，应立即关闭氧气开关，以免发生意外。

(4) 其他注意事项。

①禁止在没有安装压力表或压力表发生故障的情况下使用该设备。

②禁止在该设备上方进行焊接。

③分清供给氧气和乙炔气的专用管子，保证使用安全。

④不能让软管碰到有机溶剂。

9.制冷系统检漏

(1) 手触油污检漏。

空调器的制冷剂多为 R22，R22 与冷冻油有一定的互溶性，当 R22 有泄漏时，冷冻油也会渗出或滴出。运用这一特性，用目测或手摸有无油污的方法，可以判断该处有无泄漏。当泄漏较少，用手指触摸不明显时，可戴上白手套或用白纸接触可疑处，也能查到泄漏处。

(2) 肥皂泡检漏。

先将肥皂切成薄片，浸于温水中，使其溶成稠状肥皂液。检漏时，在被检部位用纱布擦去污渍，用干净毛笔蘸上肥皂液，均匀地抹在被检部位四周，仔细观察有无气泡，如有肥皂泡出现，说明该处有泄漏。如果系统内气压不够，需先向系统充入 0.8~1.0 MPa 的氮气。

(3) 充压检漏。

制冷系统已修理焊接后，在充注制冷剂前，最好在临近下班时，充入 1.5 MPa 氮气，关闭三通阀（阀本身不能漏气）。待第二天上班，如果表压没有下降，说明已修复的制冷系统不漏。如果表压下降，则说明存在泄漏，再采用肥皂泡检漏法检漏。

(4) 水中检漏。

此法常用于压缩机（注意接线端子应有防水保护）、蒸发器、冷凝器等零部件的检漏。其方法是：对蒸发器应充入 0.8 MPa 氮气，对冷凝器应充入 1.9 MPa 氮气（对于热泵型空调器，二者均应充入 1.9 MPa 氮气），浸入 50℃左右的温水中，仔细观察有无气泡产生。使用温水的目的在于降低水的表面张力，因为水的温度越低，表面张力越大，微小的渗漏就不能检测出来。检漏场地应光线充足，水面平静。观察时间应不少于 30 s，工件最好浸入水面 20 cm 以下。浸水检漏后的部件应烘干处理后方可进行补焊。

(5) 卤素灯检漏。

火焰颜色变化从浅绿到深绿再到紫色，表明渗漏量从微漏到严重渗漏。

(6) 电子检漏仪检漏。

检漏的主要部位是：压缩机的吸气管、排气管的焊接处；蒸发器、冷凝器的小弯头、进出管和各支管焊接部位，如干燥过滤器、截止阀各处、电磁阀、热力膨胀阀、分配器、储液罐等连接处。

泄漏和堵塞的区别判断：泄漏处补漏，抽真空，重新灌注制冷剂后，空调器即可恢复制冷效果；如果是堵塞，即使加氟，空调器仍不能制冷，压力也不正常。

10.换热器铜管弯头泄漏的修理

焊接前放净系统内的制冷剂，以免制冷剂受热蒸发，产生一定的压力而造成补焊失败。焊接时间要短，速度要快，一般采用小号焊枪、焊嘴，火焰不能过于强烈。

11.检查毛细管“脏堵”现象

(1) 压缩机的加液工艺管上装接一只三通修理阀。

(2) 启动压缩机，运转一段时间后，若低压一直维持在 0 Pa 的位置，说明毛细管可能处于半脏堵状态，若为真空，可能是完全脏堵，应做进一步检查。此时压缩机运转有沉闷声。

(3) 停转压缩机后，如果压力平衡很慢，需 10 min 或半小时以上，说明毛细管脏堵。脏堵位置一般在干燥过滤器与毛细管接头处。若将毛细管与干燥过滤器连接处剪断，制冷剂喷出，就可以判断为毛细管脏堵。

12.毛细管的代换方法

毛细管“脏堵”但无同内径、同长度的毛细管怎么办？

(1) 可用退火的方法将脏物烧化，然后加压吹气使之畅通。

(2) 可将毛细管焊在清洁的管路中，用汽油或四氯化碳冲洗，冲洗后的毛细管必须进行抽真空干燥处理后方可使用。

13.判断毛细管“冰堵”现象

“冰堵”是由于制冷系统真空处理不良，系统内含水量过大或是制冷剂本身含水量超标等造成。“冰堵”大都发生在毛细管的出口端。当液体制冷剂由毛细管到蒸发器蒸发时，体积大大膨胀，变成气态，大量吸收热量。这时，蒸发温度可达到-5℃左右，系统内的微量水分随制冷剂循环到毛细管出口端时就冻结成冰。由于制冷剂不断循环，结成的冰体积逐渐增大，到一定程度就将毛细管完全堵塞。

判断方法：接通电源，压缩机启动运行后，蒸发器结霜，冷凝器发热，随着“冰堵”形成，蒸发器的霜全部化完，压缩机运行有沉闷声，没有冷气吹进室内。停机后，用热毛巾多次包住毛细管进蒸发器的入口处，由于冰堵处融化后而能听到管道通畅的制冷剂流动声，启动压缩机后，蒸发器又开始结霜，压缩机运行一段时间后，又会产生上述情况，这就可以判断为毛细管冰堵。

14.排除毛细管“冰堵”

确定毛细管“冰堵”后，先将制冷系统内的制冷剂放掉，重新进行真空干燥处理。对制冷系统的主要部件蒸发器、冷凝器进行一次清洗处理。

在重新连接制冷系统时，最好更换新的干燥过滤器。如果没有新的干燥过滤器，可倒出拆下的干燥过滤器中的分子筛，把干燥过滤器内壁用汽油或四氯化碳冲洗，并经过干燥处理后使用。

如果由于制冷剂本身含水量过大而形成“冰堵”，可在制冷剂钢瓶出口处加一个干燥过滤器，使得制冷剂水分在充注时即被吸收。

15.毛细管“结蜡”现象

因 R22 与冷冻油有共溶性，经多年的循环，R22 中含有一定比例的冷冻油，油中的蜡组分在低温下析出。在制冷循环过程中，蜡组分就要逐渐沉积于温度很低的毛细管出口内壁上，毛细管内径变小，流阻增大，从而导致制冷性能下降。

对使用多年的空调器，如果在运行时，蒸发器温度偏高，冷凝器温度偏低，而又排除了制冷剂微漏和压缩机效率差的原因，一般就是由于毛细管“结蜡”所引起的故障。

可使用高压枪对“结蜡”毛细管进行修理，利用一个带柱的丝杠将冷冻油加压至 2 MPa，将结蜡清除掉。也可用更换新毛细管的方法。

16.判断干燥过滤器“脏堵”

干燥过滤器“脏堵”是由于制冷系统焊接不良而使管内壁发生氧化而脱落，或压缩机长期运转引起机械磨损而产生杂质，或制冷系统在组装、焊接之前未清洗干净等造成。其“脏堵”故障的现象为干燥过滤器表面发冷、凝露或结霜，导致向蒸发器供给的制冷剂不足或致使制冷剂不能循环制冷。

干燥过滤器“脏堵”的判断方法为：压缩机运行一段时间后，冷凝器不热，无冷气吹出，手摸干燥过滤器，发冷、凝露或结霜，压缩机发出沉闷的过负荷声。为了进一步证实干燥过滤器“脏堵”，可将毛细管在靠近干燥过滤器处剪断，如果无制冷剂喷出或喷出压强不大，说明“脏堵”。这时如果用管子割刀在冷凝器管与干燥过滤器相接处附近割出一条小缝，制冷剂就会喷射出来。此时，要特别注意安全，防止制冷剂喷射伤人。

17.排除干燥过滤器“脏堵”

干燥过滤器“脏堵”后，慢慢割断冷凝器与干燥过滤器连接处（防止制冷剂喷射伤人），再剪断毛细管，拆下干燥过滤器。因干燥过滤器修理比较困难，一般采用更换新的干燥过滤器为好。如果一时没有新的干燥过滤器可供更换，可将拆下的干燥过滤器倒置，倒出装在里面的干燥剂，再清洗干燥过滤器。干燥过滤器内壁和滤网用汽油或四氯化碳清洗，并经干燥处理后使用。

在更换干燥过滤器前，最好对蒸发器和冷凝器进行一次清洗。

18.判断电容器的好坏

用数字万用表检查，将数字万用表拨到合适的电阻挡，红表笔和黑表笔分别接触被测电容器的两极。这时，显示值将从 000 开始逐渐增加，直到显示溢出符号“1”。如果始终显示 000，说明电容器内部短路。如果始终显示溢出，可能是电容器内部极间开路，也可能是选择的电阻挡不合适。为了能从显示屏上看到电容器的充电过程，对不同容量的电容器应选择不同的电阻挡位。选择电阻挡的原则是：电容器容量较大时，应选用低阻挡；电容器容量较小时，应选用高阻挡。如果用低阻挡检查小容量电容器，由于充电时间很短，会一直显示溢出，看不到变化过程，从而很容易误判为电容器已开路。如果用高阻挡检查大容量电容器，由于充电过程很缓慢，测量时间需要很长。对于 0.11 μF 以上的电容器可按下表选择电阻挡（表中的充电时间是指显示挡从 000 变化到溢出所需的时间）。

表 4-5-2　测量电容器时对电阻挡的选择

电阻挡(MΩ)	被测电容器范围(μF)	充电时间(s)
20	0.11	2~12
2	1~10	2~18
0.2	10~100	3~20
0.02	100~1000	3~13
0.002	>1000	>3

电容器被击穿或开路后，不能修理，只能更换同型号的新电容器。为便于修理时选用，表 4-5-3 列出电容器的容量与压缩机的电动机输出功率的选配，供参考。

表 4-5-3　电容器容量与压缩机的电动机输出功率的选配

压缩机的电动机输出功率(W)	0.2	0.4	0.75	1.0	1.5	2.0	2.2	3.0	3.7	4.0	5.0
电容器容量(μF)	15	20	30	30	40	50	50	50	75	75	100

19.使用电容器时应注意的问题

(1) 不能将电容器直接跨接在电源上，必须与启动绕组或运行绕组串联后，再跨接在电源上。

(2) 启动电容器虽然和启动绕组串联，但连接在电路上的时间不得超过 3 s，启动后由启动装置将电源切断，每小时内的启动次数不得超过 10 次（间隔应均匀），否则电容器会因发热而损坏。

(3) 存放时间比较长的电解电容器，因电解质已干涸，电容量会下降，如果需使用，事先应进行检测。

六、任务评价表

评价项目	项目评价内容	配分(分)	评分标准	得分(分)
知识考核	掌握空调器的常用维修工具的使用	40	每错一处扣 5 分	
操作考核	空调器的故障检测	50	(1)识别组成部件,每错一处扣 5 分 (2)操作步骤错误,每错一处扣 3 分	
	安全生产	10	违反安全文明操作要求,每违反一次扣 2~4 分	
总分				

学生（签名）：　　　　　　测评教师（签字）：　　　　　　时间：

自我测试

(1) 简述空调器制冷和制热的工作过程。

(2) 简述空调器安装的具体步骤及注意事项。

(3) 列举出分体式空调器各部件的具体位置及拆装步骤。

参考文献

[1] 曹白杨. 现代电子产品工艺. 北京：电子工业出版社，2012.
[2] 费小平. 电子整机装配工艺. 北京：电子工业出版社，2010.
[3] 陈世和. 电工电子实训教程. 北京：北京航空航天大学出版社，2011.
[4] 钱晓龙. 电工电子应用基础与实训案例. 北京：机械工业出版社，2014.
[5] 钱晓龙. 电工电子实训教程. 北京：机械工业出版社，2009.
[6] 王英，蔡耀明. 电子装接工. 重庆：重庆大学出版社，2007.
[7] 张肃文. 高频电子线路. 北京：高等教育出版社，2009.
[8] 李乃夫. 电机与控制. 北京：高等教育出版社，2007.